口絵 1　雨季の農村部。あちこちで浸水している。

口絵 2　雨季の雨

口絵 3　乾季の農地での作業

口絵 4　ジョソール周辺は古いデルタで川はあまり流れていない。この写真はマルアの北側にあるブリヤブ川。

口絵 5　竹の橋を自転車で渡る人

口絵 6　水を汲みに来た少女

口絵 7　家の上がり口に座る子供

口絵 8　家族

口絵 9　村のなかの乾季の道

口絵10　村のなかの雨季の道

口絵11　家

口絵12　屋根で冬瓜を収穫している。このほかひょうたん，かぼちゃなどがよく屋根で栽培されている。

口絵13　バザールの八百屋

口絵14　仕立屋

口絵15　大工。壁を作っている。屋根を作る大工とは別の職業。

口絵16　鍛冶屋，主にヒンズー教徒の職業

口絵17　土器つくり，主にヒンズー教徒の職業。小さいものは女性が作る。男性の土器職人はろくろを使う。

口絵18　田植え

口絵19　刈り取り

口絵20　砂糖やしの樹液を採集するため刻み目を入れ，その下に素焼きの容器を設置する作業をしているところ

口絵21　ジュートを大きな荷台のついた自転車で運ぶ

口絵22　水につけた後，繊維をとるためにジュートの外皮を剝ぎ取っているところ。

口絵23　庭で脱穀しているところ。左手に干してあるのは剝ぎ取ったジュート。

KUARO 叢書 ——— 5

村の暮らしと砒素汚染

■バングラデシュの農村から

谷　正和 著

九州大学出版会

はじめに

バングラデシュ、インド、ネパールにまたがるガンジス川流域の広大な地域で深刻な地下水の砒素汚染が起こり、この地域で汚染の影響を受けている人口は一億人を超えている。地域の大半は農村地帯であり、飲料水のほぼすべては井戸水である。砒素を含む井戸水を飲用し、長期間にわたって砒素を摂取することで、慢性砒素中毒におかされる住民が数多く出ている。各国政府、世界銀行、世界保健機関などの国際機関、国内外のNGOがその実態調査、対策活動に当たっているが、調査の進展とともに確認される汚染地域は拡大し、十分な砒素対策がいきわたるにはまだ長い年月を必要とする。

私はアジア砒素ネットワークというNGOとの連携のもと、問題の持続的な解決の一助となることを目的として、バングラデシュとネパールの砒素に汚染された村で人類学的調査を行ってきた。また、アジア砒素ネットワークのメンバーとしてもバングラデシュで実際の対策活動に取り組んできた。

本書はこのガンジス川流域の広い地域で起こっている砒素による地下水汚染問題をより多

くの方々に知っていただくために執筆した。この問題の解決方法は単純で、それは汚染地に住む人々が砒素を含む水の飲用をやめることであるが、その実行は大変難しい。それは、この問題が農業、水供給の技術、維持管理のための行政制度、農村という場の特徴、サービスや責任についての住民の意識、水汲みや調理に関する文化的習慣、対策のための外部からの援助のあり方など、様々な要因が複雑に絡み合っているためである。つまり、この地下水砒素汚染は環境問題であり、農村の社会問題であり、開発援助の問題でもある。

したがって、この問題の解決には多面的な研究分析と実践を必要とし、アプローチの仕方も多様である。本書では環境人類学という私の専門から、「虫の目」でこの問題を眺めてみたい。つまり、政策論や技術論ではなく、被害が現実に起こっている村の人々の暮らしを通して砒素汚染問題を見てみようと思う。

本書は私のバングラデシュでの調査・実践活動をもとに、地下水砒素汚染問題についての私なりの理解を以下のような構成で述べることにする。まず第一章では、導入として、私がバングラデシュへ行くようになったきっかけと、地下水砒素汚染という問題はどのような構造を持っているかについてその枠組みを説明する。第二章は砒素汚染により誰がもっとも被害を受けているのか、それはなぜそうなるのか、村の家庭での暮らし、特に食事や食料調達と砒素汚染の関係から述べてみたい。第三章は村の社会の仕組みと砒素汚染対策についてである。村で建設された安全な水を供給するための水源の利用に関する調査を通して、効果的な対策のためにはどのような要因を考慮するべきかを検討する。第四章は実際にアジア砒素ネットワークによって砒素汚染対策として建設された共同井戸について、その利用者組合の運営のされ方から持続的な組合の特性を分析する。第二章と第三章は一つの村を舞台として、そこでの暮らしと砒素汚染との係わり合いについて述べ、第四章では多くの村を対象にした援助現場が話題となる。地下水の砒素汚染はガンジス流域に限らずアジア各地、世界各地で起こっている。第五章では、この問題に対して、私たちに何ができるのか、外部から援助するとはどういうことなのか、私なりに考えてみたい。

谷　正和

目次

第一章　遠い国の砒素汚染

1　バングラデシュへ

黒山の人だかり

はじめてバングラデシュに行ったときの印象は人間の多さである。どこへ行っても大量の人間がいる。その上、ダッカのような都会ではそうでもないが、田舎へ行けば行くほど我々への注目度があがる。移動の途中の小さな町でちょっとお茶を飲みに車から出れば、あっという間に黒山の人だかりである。止まっている車の中にいても、ふと気づくと窓一面に人が張り付いていたこともある。また、両側には水田しかないところで車を止めて外へ出ても、どこにいたのか、どうやって気づいたのか、まもなくどこからともなくたくさんの人が涌いてくる。

しかし、この人たちは他のアジアの観光地のように我々を日本人と認識して、物を売ろうとするわけではない。ほぼ一〇〇パーセント、ベンガル人で構成されている社会では我々の見た目ははっきり異質で、覆いようもなく目立ってしまうようだ。ほとんどの人は我々に声をかけるわけでもなく、動きを止めて無表情にじっと見つめている。「凝視」というのはこ

写真1　村の小学校でカメラに突進してくる子供たち

のことを言うのだ。

　ようやく目的の村に着いても状況はさほど変わらない。我々は大ギャラリーを連れ村の中を歩き、行く先々で人だかりができる。だんだん我々に慣れてきた人たちは例の無表情な凝視をやめ、写真を撮ろうとカメラを出せば次々と人が集まりかなりな混乱になる。ビデオカメラを出すと、モニターを見て何が映っているか実況する人、それを聞いてレンズの前へ行く人、ビデオカメラ自体を覗き込む人と、ほぼ収拾がつかない状態になる。村から帰るときに車が動き出せば、多くの子供たちが走りながらついて来て、その中の興奮した子供がバンパーに飛び乗ろうとしたり、棒で車体をたたいたりして、運転手にしこたま怒られる。そして、我々は常にその喧騒の中心にいるのだ。

初めての調査

我々がバングラデシュに来た理由はこの村、シャムタ村の調査だった。この村に限らずガンジス川流域の広い地域で地下水が砒素によって汚染され、井戸水を飲んでいる多くの人が慢性の砒素中毒に苦しんでいる。アジアの砒素汚染について長年取り組んできたアジア砒素ネットワークは宮崎大学と共同で一九九七年にこのシャムタ村のすべての井戸の水質調査を行い、この一九九八年二月にはじめての村落調査を企画した。私はその調査の計画と実施を依頼されバングラデシュに来ることになった。

私はそれまで様々なフィールド調査の経験はあるものの、このような大規模な村落調査の経験はなく、その実施の舵取り役としては少々不安もあった。バングラデシュといえば三〇年以上も前に元ビートルズのジョージ・ハリソンらの企画で行われた「バングラデシュ難民救済コンサート」が鮮烈な印象として残っている以外、取り立てて印象のない遠い国だった。当時宮崎に住んでいたので、土呂久《とろく》鉱害問題を通して砒素汚染については話を聞いたことがあるという程度で、その解決に向けて何か主体的な取り組みをしようとしていたわけで

写真 2　聞き取り調査を行っているところ

もなかった。それでも調査をやってみようと思ったのは、社会的に問題となっていることに何か役に立てるかもしれないということと、行ったこともない、ほとんど聞いたこともないバングラデシュという場所に漠然としたときめきを感じたからだった。

それまでの調査で患者の検診、井戸水の砒素濃度測定が行われた結果、この村には多くの砒素中毒患者がおり、村内の全井戸の約八割が砒素に汚染されていることが分かっていた。しかし、この村に何人の人が何を生業にして生活し、砒素汚染による被害を受けている住民はどこに住んでいるか、どのような特徴があるかなど、住民については何一つ分かっていなかった。そのため、この調査では村内全世帯を対象にして各世帯の世帯構成、各人の砒素中毒による皮膚症状、収入、飲料用井戸などの基本情報を収集し、世帯、井戸の位置を地図に記録した。

この「村落基本調査」には日本側からアジア砒素ネットワーク関係者、学生など総勢二〇名ほどが参加した。我々の案内役をしてくれたのが、首都ダッカにある国立予防社会医学研究所の教官を兼ねる医師の方々、バングラデシュ社会の「超」のつくエリートたちである。彼らは砒素中毒患者の診察をしつつ、我々の世帯調査にも付き合ってくれた。バングラデシュでは都会と農村の格差は大きく、その上教育程度が高く地位もある人たちは村人にとって別世界の住人に見えるらしい。それでベンガル語を話すこの医師たちに村人が「なぜあなたたちは我々と同じベンガル語を話すのか」と不思議そうに聞いていたことも、一度や二度ではなかった。ある意味ではこのダッカの医師たちの村における異質さは日本人の異質さと大きく違わないのかもしれない。

村からは一〇人ほどの青年が調査に参加してくれた。前年の調査によって砒素汚染が深刻なことが分かり、この村には砒素対策委員会が組織されていた。その砒素対策委員会が今回の調査のためにある程度英語も話せるという条件で選んでくれた青年たちだ。我々は「困っている人たちを助ける」活動の一環だという単純な正義感に満ち、その活動に対して地元の人は当然感謝してくれるということを暗黙のうちに想定していた。我々の調査を手伝う村の青年も自分の村の問題解決のための活動なので、ボランティアで働いてくれて当然だと思っていた。もし自分が逆の立場で、外国から自分の村を助けに来てくれた人を手伝うことになれば、手弁当は当然だと感じるように、バングラデシュの村の人たちも感じると仮定していた。

しかし、これは私の勝手な思い込み、文化人類学で言うところの「自民族中心主義」的な思い込みだった。おそらく多くの日本人は、相手の善意に対して金銭で返すのは失礼に当たるということが「自然」だと思っているが、それは自然でもなんでもなく日本の文化に根ざした感情に過ぎない。別の文化では、動機とは関係なく何らかのサービスは金銭で報いることが「自然」と感じられるかもしれないということの可能性まで、このときは思いが至らなかった。調査の手伝いをしても日当が出ないことに不満があるのをなんとなく感じていたが、この村のために来ているのになぜ村の人に日当を払う必要があるのかと内心反発していた。

このような微妙な葛藤を抱えつつ、日本人、ベンガル人医師、現地の青年はいくつかの班に分かれ、手分けをして村内の世帯を訪問し、調査票の質問について情報を記録していった。二月の半ばにはじめた調査が三月に入るにつれて、気候はどんどん暑くなり、七〇〇近くの世帯すべての調査を終えるころには我々はかなり消耗していた。しかし、この調査はそれまで何も情報がなかったシャムタ村の砒素汚染被害の当事者である村の住民の生活を知る第一歩となった。

砒素による健康被害

砒素はその毒性が強く、中世ごろから日本やヨーロッパで暗殺に使われたことがよく知られている。また、数年前、ナポレオンの死因も砒素による毒殺ではないかという説が出され話題になった。日本では「森永砒素ミルク事件」、「和歌山カレー事件」など砒素に関連する事件が大きな社会的注目を集めたこともあった。

このような事件の被害者は毒性の強い砒素化合物を直接大量に摂取することによって急性砒素中毒を起こす。これに対し、飲料水砒素汚染による健康被害は慢性砒素中毒といわれる。慢性砒素中毒は、水に溶けた微量の砒素を継続的に摂取することで皮膚、粘膜、呼吸器、消化器、内臓と全身に様々な健康障害を引き起こす。飲料水に含まれる砒素は急性砒素中毒を起こす砒素に比べて微量なため、砒素を含む水を飲み始めたときと症状が出始めるまである程度時間のずれがある。この期間がどの程度の長さかは飲料水中の砒素濃度と飲む水の量によるため一口には言えないが、数ヵ月から数年掛かるのではないかと考えられている。

慢性砒素中毒は多様な症状を引き起こすため、砒素中毒だけに特徴的な症状というのは少ない。そのため正確に砒素中毒を診断するには髪などのサンプルを取り、砒素の蓄積量を測る必要があるが、通常初期的に症状が出るといわれている皮膚症状によって診断が行われる。

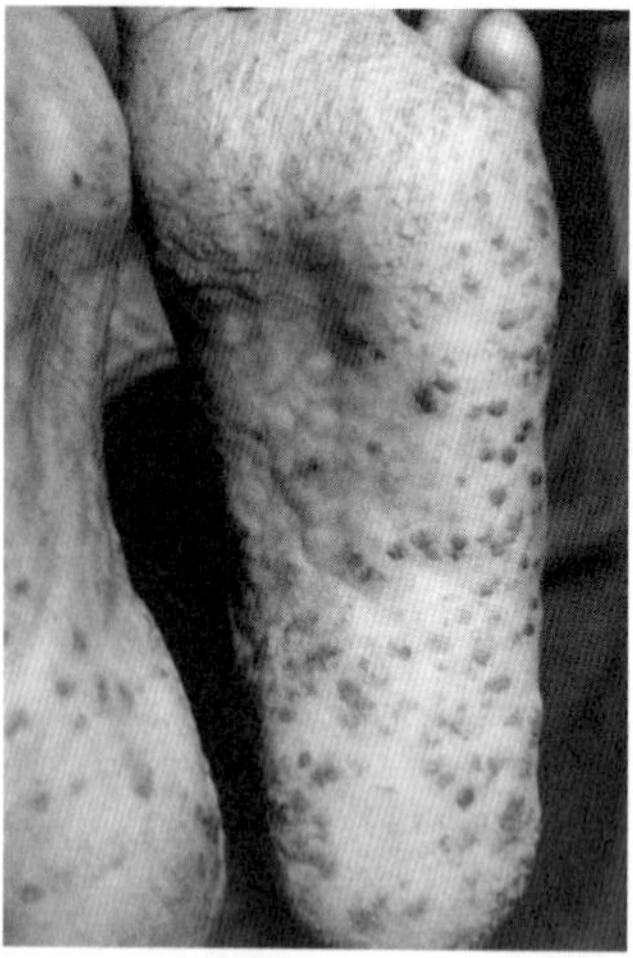

写真 3　砒素中毒による典型的な皮膚症状の角化症
(撮影：川原一之氏)

慢性砒素中毒では、黒皮症といって皮膚がそばかすのような色素沈着により黒ずみ、その後黒ずんだ部分が逆に斑点状に脱色してゆく症状がはじめに出る。さらに中毒が進むと手のひらや足の裏にマメのようなイボがたくさんできる角化症になる。このような皮膚症状と並行して身体内部の症状も進んでいると見られ、各種炎症、不全、潰瘍、壊疽《えそ》などが起こり、最悪の場合はがんが発生する。

シャムタ村のこの時の世帯調査で記録された砒素中毒患者は、人口約三、五〇〇人中二九一人。すべて皮膚症状のみで中毒症状を判定したため、この数字は最低数を表しているといえる。シャムタ村で調査を始めた当時、この村の砒素汚染と健康被害が深刻なことは分かっていたが、全体の中で他の村や地域と比較してどの程度深刻なのかは全く分かっていなかった。次第にバングラデシュ政府による調査が周辺地域で進むにつれて、ひとつの村で患者数はせいぜい数人、一〇〇人を超えることはごく稀で、三〇〇人近くというこの村は特別被害が深刻な場所だった。

2　地下水砒素汚染問題の構造

「世界最大の環境汚染」

シャムタ村で起こっている井戸水の砒素汚染はこの村に限定された問題ではなかった。ガンジス川で結ばれているバングラデシュ、インド・西ベンガル州、ビハール州、ネパール・

図 1　ガンジス川流域の砒素汚染地域。網掛けの地域は地下水の砒素汚染が確認あるいは可能性が高い地域。

テライ平原地方という広大な地域全域にわたって、地下水が砒素によって汚染されている。汚染された水を日常的に使っている人口はバングラデシュだけでも数千万、インド、ネパールを含めれば優に一億人を超えると推計され、地元のマスコミはこの問題を「世界最大規模の環境汚染」と呼んでいる。

　実は、このような砒素による地下水汚染はガンジス川流域だけには限られていない。現在分かっているだけでも、ミャンマーのエーヤーワディ川、カンボジアおよびベトナム南部を流れるメコン川、ベトナム北部の紅河というように、モンスーンアジアの広大な地域にあるほぼすべての大河流域で地下水砒素汚染が起こっていることが明らかになりつつある。

これだけの広い地域の地下水を砒素が汚染した原因はもちろん工場や鉱山など人為的なものではない。砒素はそれほど珍しい元素ではなく、地殻中の含有量では二〇番目、ごく一般的に土壌に含まれ、土壌中の平均含有量は四〇 mg/kg 程度であるといわれている。ガンジス川流域の砒素はもともとヒマラヤにある鉱脈中に高い濃度で含まれているものであるが、川によって侵食運搬され流域に堆積したものと考えられている。その過程は今も続いており砒素を含む物質は非常に広範囲に分布しているので、砒素問題の解決策として汚染源物質を完全に除去することは不可能である。

「緑の革命」と砒素汚染の関係

このように、土壌中に含まれる砒素は自然の過程で堆積したものであるが、その砒素が地下水中に溶け出すプロセスにはどうやら人間の活動が関係しているらしい。インドの西ベンガル州で地下水中の砒素汚染が発見された一九八〇年代後半、砒素溶出のメカニズムとしてまず提案された説はインド・ジャダブプール大学のチャクラボーティ教授グループによる「緑の革命」原因説である。

「緑の革命」とはアメリカの機械化近代農業をモデルとした食糧増産策で、品種改良によって作り出された収量の高い品種、大量の化学肥料、十分な灌漑を三本柱として、急速な食糧増産を可能にした。この方式の農業がインドやバングラデシュに本格的に導入されたのは一九六〇年代後半以降のことであった。

「酸化説」と呼ばれるチャクラボーティの説明は次の通りだ。まず、「緑の革命」方式の採用で高収量品種が乾季作の品種として導入された。その水田の灌漑のための地下水を大量に汲み上げることによって、地下水位が低下する。そうすると、それまで地下水の存在によって空気と遮断されていた地層が空気に触れ、その地層に含まれていた砒素を含む硫化鉄などの鉱物が空気中の酸素によって分解される。そして、雨季になって再び地下水位が上がると砒素が水中に放出されるとする。

しかし、その後の分析によると、砒素汚染が深刻な地域の地層に砒素を含む硫化鉄などの鉱物がそれほど含まれていないことや、硫化鉄が酸化された場合生成されるはずの硫酸イオンが地下水中に多くないことなどから、現在では酸化による砒素溶出はあったとしてもその割合は低いのではないかと考えられている。

この「酸化説」はほぼ否定されたが、現在妥当性が高いと考えられている「還元説」でも、「緑の革命」と砒素溶出の関係が論じられている。この「還元説」によると、地下水中に酸素が不足する還元的な環境で砒素が溶け出すと考えられている。この説を提唱したイギリスの地質学者は、デルタ地帯に堆積している有機物の分解が水中の酸素を消費する主な要因であるとした。その後、地水環境の分析と実験により、日本の研究者たちはバクテリアの繁殖が酸素を消費する重要な要因だと主張している。そして、その繁殖の原因のひとつとして「緑の革命」の農業活動がある。「緑の革命」方式の農業は、地下水の汲み上げと共に、大量の化学肥料の使用によっても特徴付けられる。バングラデシュの水田は漏水田が多く、投入された肥料の一部は灌漑水に混じって地下に浸透し、地下水中に混じる。この肥料起源の有機物がバクテリアの大繁殖を誘発し、水中の酸素を消費しているというのだ。

バングラデシュは独立以来、社会的インフラが独立戦争やそれに続く混乱で破壊されたことにもより、何度となく食糧危機を経験してきた。「緑の革命」方式によって乾季にも米を作ることが可能になり、食糧生産は飛躍的に伸びた。これにより、近年、バングラデシュの農業はほぼ自給レベルまで近づいてきた。言うまでもなく、「緑の革命」が汚染物質を直接排出しているわけではなく、「緑の革命」は住民の生活を豊かにするために行われている。だから、砒素汚染問題の対策のひとつとして、砒素の地下水への溶出を止めるために、大量の灌漑を必要とする乾季の稲作をやめれば、たちまち数百万、数千万の住民の食糧が不足することになる。したがって、農業が砒素溶出の原因であったとしても、その原因を除去するために農業をやめるということはありえない。そうなると砒素の地下水への溶出自体を止めることも難しいということになる。これも地下水砒素汚染問題を複雑にしているもうひとつの要因である。

飲み水対策が仇に

「緑の革命」が食糧増産と引き換えに砒素を水中に呼び込んだように、農村住民の生活向上のための政策も現在の砒素汚染による被害の直接の引き金になった。

バングラデシュでは、独立後の混乱や度重なる洪水のため、一九七〇年代には衛生的な飲み水の供給が十分でなく、多くの人々、特に乳幼児が細菌による感染症の犠牲となっていた。この状況を改善するため、世界銀行やユニセフなどの国際機関の援助により、バングラデシュ政府は衛生的な家庭用管井戸の普及に努め、現在およそ八〇〇万本の管井戸が使用されているといわれている。「管井戸」は日本ではあまり馴染みがないが、直径五センチほどの井戸管を地下水層まで差し込み、地上部に手押しポンプをつけて地下水を汲み上げるものだ。掘り抜き井戸と違い、つるべなどを介して人間が直接地下水に接触することがないため、細菌に汚染されず衛生的な水を供給することができる。

管井戸導入以前に利用していた池や川などの表流水から管井戸に飲料水源が移行することにより、乳幼児死亡率は大幅に改善した。五歳以下の乳幼児死亡率は一九六〇年に人口一、〇〇〇人あたり二四七人だったものが一九九六年には一一二人と半数以下に減った。

「安全な水の供給と衛生をすべての人に」という目標を掲げて一九八一年から一九九〇年まで国連により実施された「国際飲料水供給と衛生の一〇年」の活動は世界中で一〇億人に安全な水の供給を達成したといわれ、バングラデシュの管井戸普及にも大きな力となった。ネパールでも、その運動の一環として一九八〇年代から積極的に管井戸が導入された。

この管井戸の普及は衛生的な水の供給と感染症の防止という目的は達成したものの、管井戸が普及すればするほど砒素汚染による健康被害が拡大されていくという皮肉な結果となった。インドで初めて井戸水による砒素中毒が確認されたのは一九八三年、バングラデシュで

写真4　村で少女が管井戸を使っているところ

は一九九三年であり、この問題が顕在化したのは比較的最近のことだといえる。この発見以前から砒素汚染があってこの時期に発見されたのか、それとも汚染自体の始まりが近年なのかはまだ解明されていないが、管井戸の普及がなければ砒素被害も広がらなかったことは間違いない。

現状では、バングラデシュ農村部の全飲料水の九五%は管井戸から供給されている。インド、ネパールの砒素汚染地域でも事情は同様である。ようやく細菌に汚染された池や川の水から清潔な地下水に転換したところでこの砒素問題が起こったため、また別の飲料水に適した良質な水源は見当たらず、ガンジス川流域の社会的発展の足かせとなっている。また、この問題が起こっているのが農村であるということが、この問題を一層難しくしている。現在バングラデシュが投入できる経済資源を考えると、人口が広く分散している農村部に川の水などの表流水を利用した大規模な水道システムを建設できる可能性は少なく、農村という場で行うことのできる対策の選択肢は限られている。

問題の構造

以上のことをまとめると、バングラデシュにおける地下水砒素汚染問題の根本的な解決が困難なことがはっきりしてくる。まず、汚染源を一掃することはできない。汚染源の砒素はあまりにも広く分布しているため、これを取り去ることは現実的には不可能である。そのため、汚染源の砒素を除去するというよりは、現在の状態で共存するほかない。

次に、土壌中に砒素が存在しても、その砒素が地下水中に溶出しなければ問題ない。その溶出には農業や集落での日常生活が関連しているらしい。しかし、だからといって農業を止めるというのは現実的な選択肢ではない。

仮に、農業活動が砒素の地下水への溶出を促進しても、その地下水を人間が使わなければ農業からの恩恵を受け、砒素中毒も防止することができる。しかし、もっとも深刻に砒素に汚染された地下水層は農村部の最重要水源だ。この水源に転換することによって、多くの命が感染症から救われた「衛生的な」水源なのである。そうであるにもかかわらず、この水源を使えば使うほど「ゆっくりとした死」に近づいてしまうのが現実だ。

となると、ひとつの合理的な解決策は砒素を含まない表流水を水源とした衛生的な飲料水供給、つまり川などを原水とする日本にあるような水道システム、ということになる。しかし、「農村」という場では、この選択肢の実現は難しい。試験的な給水システムを建設することは技術的には何も問題はないだろうが、点在する村々にすべて水道を作ることは、現在のバングラデシュの経済状態では難しい。それ以上に難しいのは、そのような水道システムを維持管理することであろう。それには、人材の育成、社会制度の整備など長期間を要する課題が多い。

つまり、バングラデシュの地下水砒素汚染問題は大変複雑で、「皮肉」な構造を持っているということだ。「緑の革命」農業や管井戸の普及のように、住民のより安全で健康な生活に貢献した事業が、同時に砒素汚染とそのことによる被害の拡がりの原因となっている。したがって、そのような原因となった事業を停止するわけにはいかないので、社会経済的な制限内で大きく住民生活のバランスを崩さない対策活動を実施することが必要となる。

こうして、ようやく私はおぼろげながら地下水砒素汚染問題の複雑さが感じられるようになった。バングラデシュに来る前は飲み水が砒素に汚染されていて多くの人が苦しんでいる、ということは理解していた。そして、その解決策は「砒素が地下水を汚染することを止める」とか「砒素に汚染された水を飲料水とすることをやめる」という単純なことであるはずだった。ところが、現実はそれほど単純ではなかったのである。砒素を含んだ井戸水が主要な飲料水源であるという現実は、様々な要素が複雑に絡み合っている。バングラデシュの農村に住む人が安全な水を飲むということは非常に重要なことではあるが、そのために現状の社会システムを壊すことはできない。社会システムや習慣をできるだけ保持しつつ、絡み合った要素の中から「砒素に汚染された飲料用の井戸」という要素だけを取り出して、安全なものに代えることが必要とされているのだ。この目標を達成するためには、砒素汚染の物理的原因だけでなく、それが起こっている村の生活や社会を十分に理解し、多面的な分析に基づいた対策が必要とされているということのようだ。

バングラデシュ

バングラデシュは西と北はインド、東はミャンマーに接し、南にはベンガル湾を臨んでいる。バングラデシュ国内でガンジス川、ブラマプトラ川、メグナ川の大河が合流、国土の九〇パーセント以上を占める広大なデルタを形成しベンガル湾へ注いでいる。気候は亜熱帯から熱帯性で、六月から九月頃にかけて雨季があり、北西部での雨量は年間五、〇〇〇ミリを超え世界一雨の多い地域のひとつとなっている。河道周辺では雨季になると定期的に洪水が繰り返されることでも有名である。

旧英領インドのベンガル管区ではベンガル人が圧倒的多数を占めベンガル語を共通言語としていた。しかし、英領インド独立の際、ヒンズー教徒が多数派を占めるカルカッタ（現コルカタ）を中心とする西ベンガル州とイスラム教徒が多数派の東ベンガル州がインドとパキスタンに分かれる形で独立した。現バングラデシュの東ベンガル州は、パキスタンの一部「東パキスタン」として独立した。民族的には人口の九九パーセントがベンガル人で占められる東パキスタンは、西パキスタンによって植民地的扱いを受け、民族の言語であるベンガル語の使用も制限された。度重なる差別、弾圧に不満は蓄積していき、一九七一年東パキスタン議会選挙で地元政党がほぼ全議席を得たことに対する政府の弾圧をきっかけとして、独立戦争が起こった。インドの援助を得て政府軍に勝利したバングラデシュは同年十二月に独立を果たした。独立後も頻繁に起こる洪水と軍事クーデターなどの社会不安のため、経済的な発展は滞り世界の最貧国のひとつに数えられている。しかし、デルタの肥沃な生産力に支えられる農村は豊かで国際統計から想像するものとは違う顔を見せている。一九九一年以降、民主的選挙による政権交代が行われており、現在の政情は概ね安定しているといえる。

第二章　シャムタのはなし

――「貧しい人ほど砒素中毒になりやすい」――

1　シャムタという村

アジア砒素ネットワーク

シャムタ村での調査を企画したアジア砒素ネットワークは、宮崎県に本部を持つNGOだ。宮崎県北部の山深いところに土呂久という小さな集落があり、そこで大正時代から砒素採掘と亜ヒ酸の生産が行われていた。その過程で、土呂久の空気、水、土壌は砒素によって汚染され、多数の死者を出す深刻な砒素中毒が起こった。その被害者の救済を目的とした訴訟を支援するため、多様な経歴と専門性を持つ人々が多く集まった。この裁判は二〇年の年月を経て一九九〇年に最高裁で和解が成立した。この裁判の過程で培われた砒素と砒素被害に関する知識や土呂久の経験をアジアの砒素汚染地の研究者や住民に伝え、各地の砒素問題解決のために協力し合うことを目的に裁判の支援者たちを中心として一九九四年にアジア砒素ネットワークは結成された。（より詳しいアジア砒素ネットワークの活動や砒素汚染についての情報はホームページ（http://www.asia-arsenic.jp/）に掲載されている。）

現在、この団体の会員数は二〇〇名ほど、主に活動しているメンバーは二〇名程度ではないかと思われるが、正確なところはわかりにくい。というのも、「ネットワーク」の名前が示すように、この団体は個人の緩やかな集まりで、その活動に参加するもしないも個人の自由意志に基づいているからだ。本部とは名ばかりの小さな事務所で事務作業をしてくれる一人の職員以外に有給の専従はいない。プロジェクト単位で雇われるスタッフを除けば、活動に参加しても賃金は出ない。交通費などの経費も出ないこともある。つまり、「プロ」としてこの団体の活動をしている人はおらず、参加しているほぼすべての人が「アマチュア」なのである。それぞれが好きなことをやっている、というイメージに近い。

これまで、アジア砒素ネットワークはアジアの各地で砒素汚染に関するプロジェクトを行ってきた。タイ、中国、台湾、バングラデシュ、最近ではネパール、ベトナムでも活動を行っている。このようなプロジェクトはアジア砒素ネットワーク本部が企画し、そこに人員を割り当てて実行するというものではない。アジア砒素ネットワークにはそういう意味での本部機能はなく、それぞれのプロジェクトは、メンバーの誰かが発案し、助成金などで予算を手当てして、必要なら他の人を誘って行っているものが多い。

さて、現在ではバングラデシュでの活動が群を抜いて大きく、そこには多くの人が関わり、現地事務所も開設され、アジア砒素ネットワークの活動の中心になっている。そのきっかけとなったのがシャムタ村での調査である。

アジア砒素ネットワークとシャムタ村のつながりは一九九五年にインドのコルカタ（カルカッタ）で開かれた「地下水の砒素に関する国際会議」に始まる。この会議にはインドでの砒素汚染の情報を集めるために数名のメンバーがこれも手弁当で参加した。その会議の別の参加者からバングラデシュでも井戸水の砒素汚染が見つかったことを知らされた。汚染の全貌はそのときまだ摑めていなかったものの、インドの汚染よりも深刻な可能性もあるということだった。

この会議の成果を受けて、一九九六年二月にアジア砒素ネットワークに協力する医師三名がバングラデシュへ向った。そこで砒素中毒についての調査を行ったところその結果は深刻で、アジア砒素ネットワークとしてバングラデシュの砒素対策に取り組むことを決めた。同年十二月には数名のメンバーがバングラデシュの砒素被害の実態を直接視察し、継続的な調査・活動地を選定するため、首都ダッカ近郊およびインド国境に近い西部地域の村々を訪ねていった。

その視察の行程が終わりに近づいた頃、シャムタ村を訪れたときの印象を、現在アジア砒素ネットワークの事務局長を務め、その後のバングラデシュにおける砒素汚染対策活動の中

写真 5　初回視察のときの杖をついたレザウル青年（写真右）（撮影：川原一之氏）

心である川原一之さんは次のように伝えている。

「一〇日間の旅で特に衝撃を受けたのは、ジェソール県シャムタ村で上半身裸の青年が杖をついて現れたときだった。名前はレザウル・モロル、年齢は二〇歳。全身にぶつぶつの色素沈着、足の裏に固まりになった角化があって、肝臓は腫れて気管支炎の症状もでている。『手と足がやけるように痛い』と言い、歩くのに杖が必要なのだ。」（川原一之「インド・バングラデシュ砒素汚染を歩く」『世界』一九九七年七月号）

この視察と現地の医師の助言から、アジア砒素ネットワークはシャムタ村をモデル村として選定、トヨタ財団の市民活動助成を得て、一九九七年から学際的な調査団を組織、砒素汚染被害の調査、対策の検討を集中的に行うことになった。

砒素中毒自体を治療する方法はないものの、砒素を含まない水を飲み栄養をバランスよく取ることで、多くの場合症状は好転する。このレザウル青年はこの後アジア砒素ネットワークの助けで入院し、治療を受けることによって健康を回復した。我々が一九九八年の調査でシャムタ村に行ったときには写真で見た杖をついた人物とは思えないほどだった。

「黄金のベンガル」

西側にインドと国境を接するジョソール県の西端にシャムタ村は位置し、県の中心ジョソール市から西南方向に約三五キロのところにある。インド国境へは直線距離で一〇キロほど、陸路で最も重要な国境であるベナポールも近い。

県内ではジョソール市が唯一の都市であり、ここから西南の方向にシャムタ村へ向かう道すがら周囲はずっと農村地帯である。農村地帯では見渡す限りの水田が延々と広がり、雨季になれば一面緑の海である。そのなかをインドへ向けて走る「アジアン・ハイウェイ」沿いには街路樹が美しい緑のトンネルを作っている。アジア初のノーベル文学賞を受賞したラビンドラナート・タゴールが謳った「黄金のベンガル」を彷彿とさせる風景である。

写真 6　農村の風景

農村の景観は広がる水田と点在する集落によって構成されている。かつてはこのあたりもバングラデシュのシンボルであるベンガル・タイガーの棲む森が広がっていたが、現在では最大限に水田に転換され、その中に小規模な森が残されている。これらの森のように見えるところは集落である。集落内には燃料、日よけ、材木、果実、その他の林産物など様々な目的で多くの木々が植えられているため、遠くから見ると小さな森に見えるのだ。この地域はデルタ地帯なので地形は平坦ではあるが、過去の川の活動などから微妙な起伏の違いがある。集落の多くは自然堤防などの周囲から少し高まった場所に作られていることが多く、その周辺の低い土地は農地として利用されている。シャムタ村も

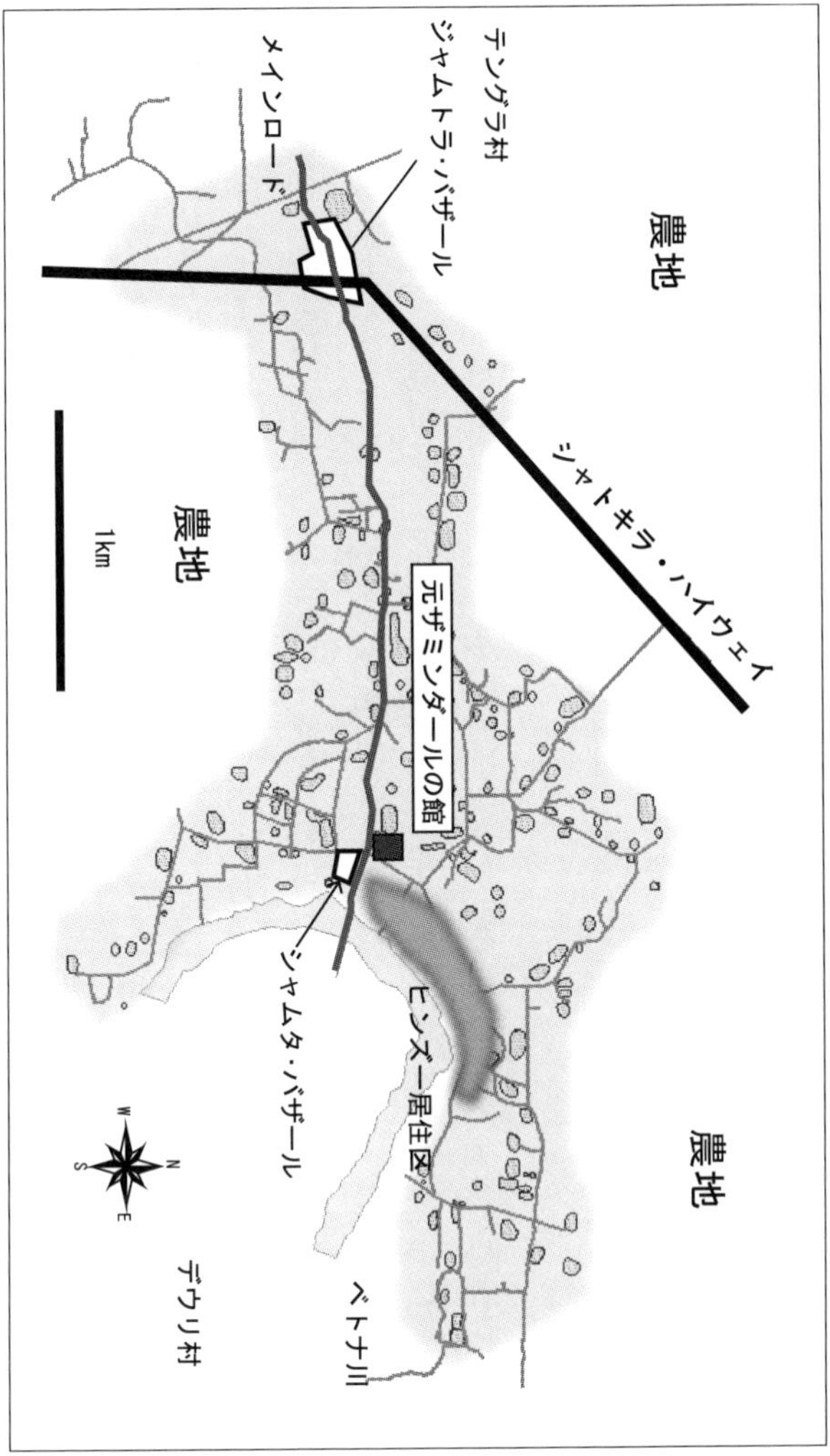
農地
テングラ村
ジャムトラ・バザール
メインロード
シャトキラ・ハイウェイ
農地
1km
元ザミンダールの館
ジャムタ・バザール
ヒンズー居住区
農地
W
N
S
E
デウリ村
ベトナ川

図2　シャムタの地図

そのような微高地に作られた農業集落のひとつである。

シャムタ村の面積は三・二平方キロ、居住面積は一・五平方キロほどの村で、家屋は東西に細長く分布し田畑がそれを取り巻き、村の東側にはベトナ川が流れている。

最後のザミンダール

シャムタ村のほぼ中央に、政府の診療所として使われているレンガ造りの古い二階建ての建物がある。この建物はかつてこのあたり一帯を支配していたザミンダールの館の一部である。ザミンダールは少なくともムガール帝国時代にさかのぼる制度で、「徴税請負人」と訳されることも多い。徴税請負人というと江戸時代の代官を想定しかねないが、ザミンダールはその下に行政機構を持ち、その土地を実質的に所有し、そこに住む人々も支配するという「領主」のイメージに近かったようだ。

シャムタ村一帯のザミンダールは代々ヒンズー教徒で、村内の大部分の土地を所有していた。それ以外の土地も別のヒンズー教徒によって所有されており、シャムタ村はヒンズー中心の社会だった。ヒンズー教徒は人数の上では少数派だったが、政治的、経済的には独占状態であったといえる。当時、村内のイスラム教徒は小作農か農業労働者だった。

しかし、一九四七年のイギリスからの分離独立の際、現在のバングラデシュが東パキスタンとしてパキスタン側に編入されたことから村の状況は大きく変わっていった。その性格を次第に変えつつ英領期も維持されてきたザミンダール制はパキスタン独立当初短い期間存続したが、ついに一九五〇年に廃止された。シャムタ村最後のザミンダールとなったニルカント・バブーはイスラム多数派の支配する東パキスタンを嫌いインドへ移住していった。シャムタ周辺にいたほかの多くのヒンズー教徒もこれに倣いインド側に移住していった。しかしヒンズー教徒であっても土地を所有しない貧しい世帯は移住するすべがなくシャムタ村に残った。現在村内に居住しているすべてのヒンズー教徒の世帯が旧ザミンダール館近くに住んでいるのは、こうした過去のヒンズー教徒居住地域の名残りであると考えられ

写真 7　ドクター・ソレイマン（写真中央），後右はアジア砒素ネットワーク事務局長の川原一之氏

る。

出て行ったヒンズー教徒のかわりにインドからイスラム教徒が入ってきた。この相互移動は独立とともに一斉に起こったというものではなく、ある程度の時間をかけて行われていった。多くの場合、バングラデシュ側のヒンズー教徒とインド側のイスラム教徒が土地を交換する形でこの移住は行われた。知り合いや親戚を通して情報を収集し、実際に交換する土地を見比べてこの土地交換は行われたらしい。二〇年くらい前までには多くの移住は終わったが、最近になってもインドから移住してくる家族もあり、完全にインド側との交渉が途絶えたわけではない。

このようにインドから移住してきたイスラム教徒の一人ソレイマンさんは「ドクター」の称号で呼ばれ、村内の名士のひとりである。彼の家族はインドで八つの村に土地を持っていた大きな地主だったが、分離独立後、インドとパキスタンの間に印パ戦争が起こり、東パキスタンのヒンズー教徒と同じようにインド国内のイスラム教徒には何かと風当たりが強くなった。そのため、東パキスタンへの移住を決め、インドでの知り合いを通じて、交換相手を探した。そして、シャムタ村に住むその知り合いの親戚と交渉が成立し、土地・屋敷を交換した。ソレイマンさんの家族がシャムタ村に来たのは一九六四年だった。この交換相手はシャムタ村のザミンダールの下で租税の徴収を担当する部署の長だったということである。

この土地交換によってこれまでにインドから移住してきた世帯はおよそ八〇世帯、村全体の一割以上に及ぶ。出て行ったヒンズー世帯もおおむねそれに釣り合う数であろう。この移住は、シャムタ村の社会に大きな影響を与えているように見える。シャムタ村からいなくなった人たちは元ザミンダールのニルカント・バブーを筆頭に土地を多く持ち、村の社会を運営してきた人たちだった。ヒンズーエリートが去ったことで、村の社会ではそれまで彼らが維持してきた秩序が崩れた。新しい秩序を作るにも、継続的に人口移動が続いている状態では社会的な安定性を築くことが難しい。シャムタ村では全村的な合意を取ることが難しく、共同体としてのまとまりに欠けているように感じることが何度もあった。これは交換移住によって社会の上の部分を一度に失ってしまったことが影響し、村のまとまりが失われているためではないかと思われる。

表1　砒素中毒症状を持つ住民数

	軽い	中程度	重い	計
男	92	41	31	164
女	79	35	13	127
計	171	76	44	291

2　なぜ貧しい人が砒素中毒になるのか

砒素中毒の「南北問題」

では、シャムタ村における砒素中毒の実態をもう少し詳しく見てみよう。

世帯調査の結果、六八二世帯中約二割の世帯に少なくとも一人砒素中毒患者がおり、患者の総数は二九一人であった。砒素中毒患者のいる世帯のうち約半数では患者が一人に過ぎなかったが、一世帯で七人もの患者を出している世帯も三世帯あった。男女比でいうと男性患者一六四人、女性患者一二七人であった。

砒素中毒の症状は軽い・中程度・重いの三段階に分けて記録した。これは医師による診察ではなく、皮膚症状のみによって調査員が判断したものだ。手のひら、足の裏、首の周りなどに斑状の色素沈着のみがある症状は「軽い」、手のひら・足の裏の皮膚が極端に角化し、い

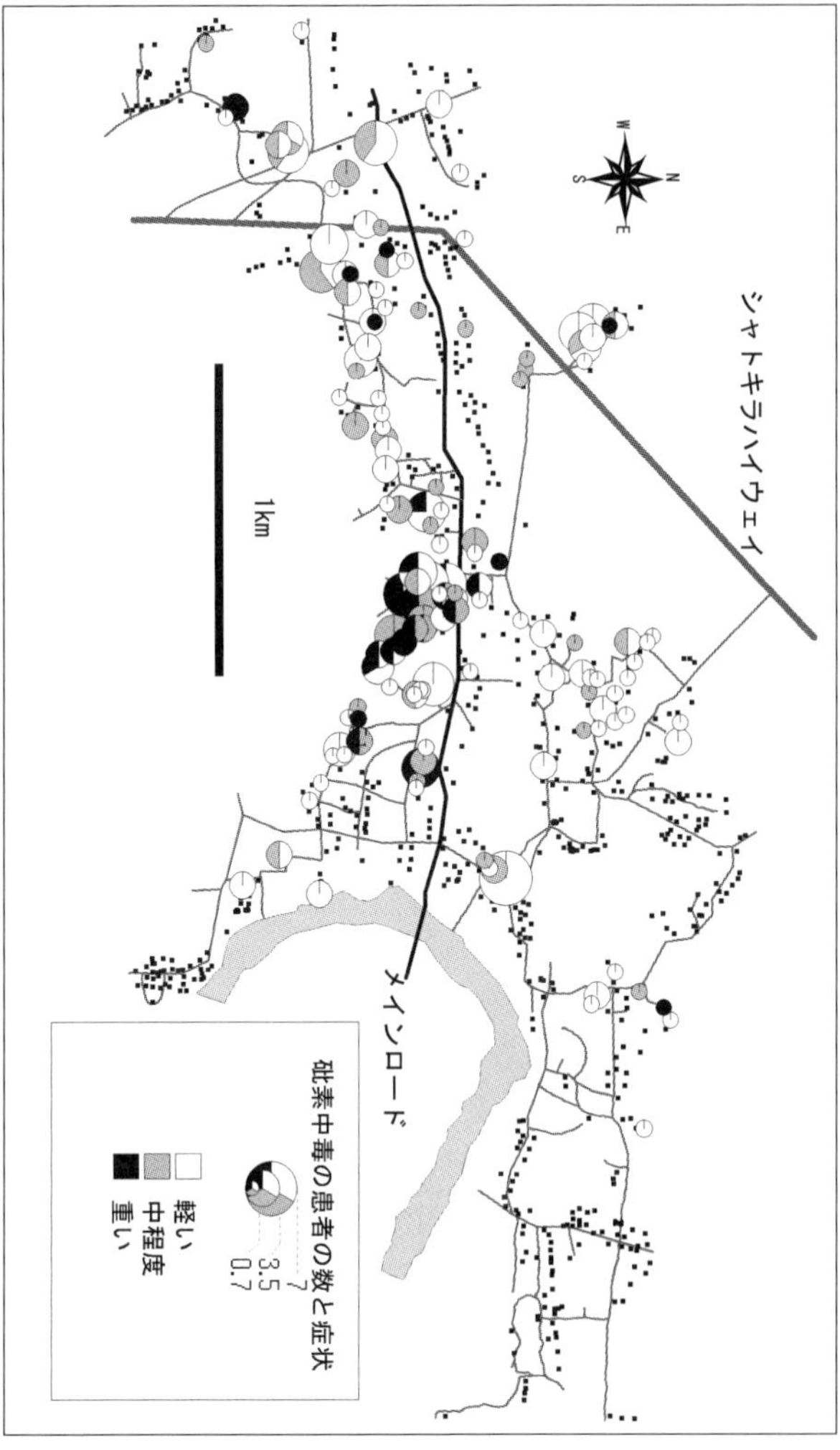

図 3　砒素中毒患者の分布と症状の割合

ぼのように盛り上がり表面がでこぼこになったような場合は「重い」、そして、両者の中間的な症状は「中程度」とした（表1）。

図3はこの村の砒素中毒患者の分布を示したものだ。ひとつの円がひとつの世帯を表している。円の大きさは患者数に対応し、一番大きな円は患者七人を示している。円を分割している「無色」、「灰色」、「黒」の部分はそれぞれ症状が「軽い」、「中程度」、「重い」の患者の割合を表している。小さい点は患者のいない世帯だ。

この患者の分布から分かることは、まず、シャムタ村の中毒患者は村内に均等に散らばっているわけではなく、一定の地区に偏っているということだ。患者のいる世帯の多数が村の南辺部に沿って居住している。症状を見るとほとんどの重症の患者は南辺部中央に集中している。この地域では大多数の患者が中程度以上の症状を呈しており、それに比べてそれ以外の地区では患者数が多いところでも症状は比較的軽い。

では、このパターンはどうやって出来上がったのか。砒素中毒の原因は言うまでもなく飲料水中に含まれる砒素である。宮崎大学の工学部チームが測定した井戸の砒素濃度を見ると、確かに村の南側にある井戸は砒素濃度が高く、中には世界保健機関の基準（〇・〇一mg/ℓ）の一〇〇倍を超える激烈な濃度の砒素が検出されている。一般的にいって砒素濃度

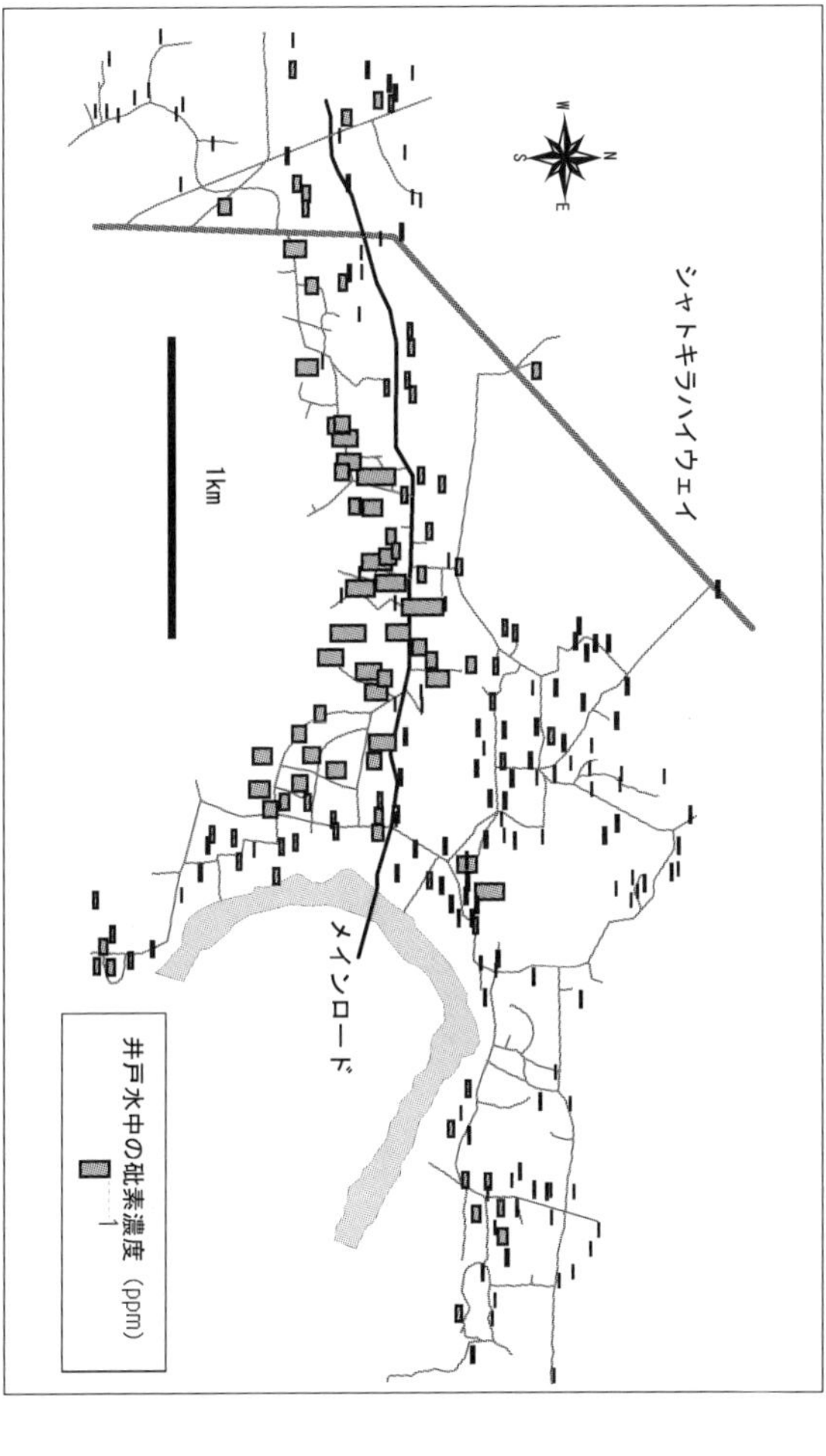

図4　井戸水の砒素濃度分布

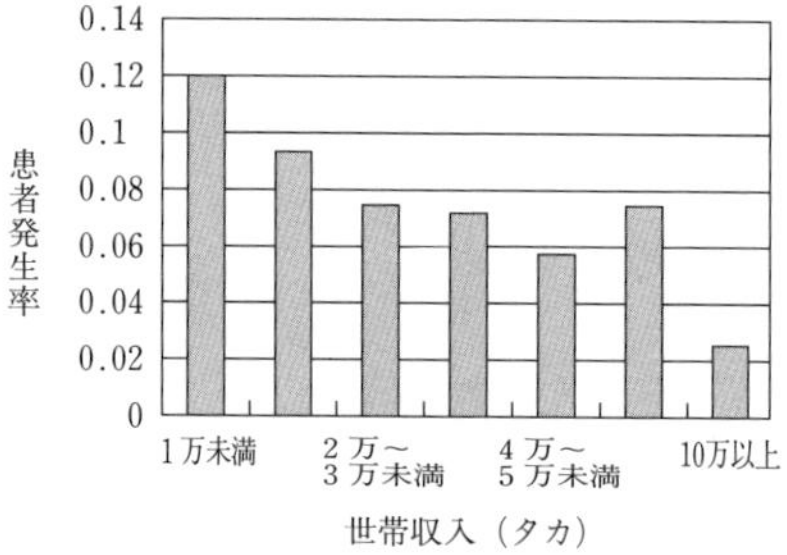

図5　世帯年収と世帯内患者発生率の関係

が高い井戸水を使っている地域では中毒患者の発生度も高いといえる（図4）。

しかし、細かく見ていくと井戸の砒素濃度の分布と砒素中毒患者の分布に微妙なずれがあることが分かる。例えば、中央を東西に走るメインロードの南側には砒素濃度の高い井戸がかなり広範に分布するのに比べ、症状の重い患者は中央部のかなり狭い地域に集中する傾向が見られる。このことは同じような砒素濃度の水を飲んでも中毒症状が現れるにはそれ以外の要因も絡んでいることを示唆している。

その要因のひとつとして世帯間の経済格差が考えられる。これは、砒素中毒の「南北問題」ともいえる傾向で、貧しい世帯のほうが豊かな世帯に比べて砒素被害が深刻なのだ。収入の高い世帯ではほとんど中毒患者は発生しておらず、収入が低くなるのに従って患者が増えてくるという傾向がある。収入が低くても砒素濃度の低い井戸を使っている世帯もあるので、低収入で中毒患者がいない世帯はある。しかし、一定以上の収入のある世帯では中毒患者はいないということが言える。

図5は年収によって村内の世帯を七つのグループに分けそれぞれのグループに含まれる患者の比率を示したものである。この図によっても収入の低い世帯に患者が多く発生している傾向が見られる。そして、各世帯の収入の分布を見ると、重症の砒素中毒患者が集中している南辺部中央には収入の低い世帯が多く分布している。

「貧しい人ほど砒素中毒になりやすい」ということはそれほど奇異には感じられないが、よく考えてみると「貧しいから家が小さい」とか「貧しいから着ている服がみすぼらしい」ということとは違って、貧しさと砒素中毒は直接には結びつかない。なぜ、貧しい人が砒素中毒になりやすいかを説明するためには、「貧しさ」と「砒素中毒」を結ぶ要素が必要だ。

そのような要素でまず思い浮かぶのは「金持ちはいい水を飲んでいるのではないか」ということだ。裕福な世帯はその経済力によって通常の管井戸ではない特別な水源を使い、それによって砒素中毒を免れている可能性もある。実際、別の地域に行ったとき大変裕福な世帯が、かつての領主のように自分たち家族専用の飲み水用の池を持ち、この水を家庭用ろ過器で濾して飲んでいるのを見た。池にたまる水には砒素は含まれておらず、これなら砒素中毒になることもない。しかし、これはシャムタ村では当てはまらない。どの家も同じように管井戸から水を飲んでいて、池の水を飲み水にしている世帯はなかった。

また別の可能性を示唆することとして、バングラデシュの農村部では金持ちがこれ見よがしに太っていることがよくある。大きな太鼓腹を抱えた人はご多聞に漏れず金持ちだ。スマートな金持ちもいるとは思うが、太った貧乏な人はまずいない。正確なメカニズムはわからないものの、十分な食事をして栄養状態がよければ、砒素に対する抵抗力も高くなることは推測できる。このことを確かめるために、村の世帯で人々が何を食べているか調べることにした。

食事調査

砒素中毒患者のいる世帯といない世帯で食事から摂取されている栄養がどのように違うか、またそのことに世帯収入がどう関係しているかを確かめるために食事調査を行った。調査対象には井戸水の砒素汚染が特に高い南部中央と南西部の地区を選び、同一地区内で砒素中毒患者が多く出ている世帯と全く出ていない世帯、また収入の高い世帯と低い世帯が含ま

写真 8　台所で主婦が昼食の準備をしているところ。右側にかまどがある。前にあるはかりで食材の重さを食事調査用に量る。

れるように三五世帯に協力をお願いした。

食事の記録の仕方は「ご飯」、「カレー」などという一回の食事の献立と新しく調理された「米」、「ジャガイモ」、「牛肉」という個別の食材の重さを記録した。一人当たりの消費量は測定が難しいため、記録された量は調理量である。この記録に際して協力してくれた世帯の人たち、特に奥さん方にとってはかなり迷惑なことだったと思う。我々は村に寝泊りしていたわけではないので、すべての食事を直接観察できたわけではないのだが、日中村にいる間に行われた調理では材料一品ずつ、はかりで量っていったのだ。つまり、ある奥さんがジャガイモの皮をむき小さく切ってそれをなべに入れる前に、それを一旦待ってもらってはかりで量るのである。これを一つ一つの食材ごとにやったので、かなり鬱陶しい思いをされたのではないかと思う。

この食事調査の記録としてはある日の昼食から次の日の朝食までを一日とし、その期間に調理された全食品を一日分とした。各世帯で少なくとも連続する三日間分を記録し、各世帯の食事の季節的変動をできるだけ捉えるため、同じ世帯を対象に同じ調査を、二〇〇〇年三月、七月、九月の三回行った。

こうして、全体ではのべ三、五五〇品目の料理、一、〇六二回の食事を記録した。

分析ではまず、一人当たりの一日平均栄養摂取量を世帯ごとに計算した。分析対象とした栄養素はエネルギー（いわゆるカロリーのこと）、たんぱく質、脂肪、炭水化物、カルシウム、鉄、カロチン、ビタミンB_1、ビタミンB_2、ビタミンCである。調理された食材ごとに食品成分表から調理量当たりの栄養素量を算出し、食事一回分の栄養素量を合計した。

一度に多く調理して、後で食べることも多いことから、計算された栄養素量をその食事を食べた人数で割ると必ずしも正確でない。例えば、昼に家族全員に足りる量を調理しても、そのときは主婦が一人で一部を食べ、夕食に昼調理されたものを家族全員が食べるという場合もまれではない。そのため、一日一人当たりの栄養摂取量は、一日に調理された食品の栄

図6　六つの基礎食品群（「四訂食品成分表2000」，p. 455より）

養素総量をその日三回の食事を食べた平均人数で割ることによって計算した。

患者のいる世帯といない世帯

こうして計算された世帯ごとの栄養摂取量を比較するため、三五世帯を砒素中毒患者が世帯内にいる割合で、三つのグループに分けた。「患者のいない世帯」（発症なし）、「患者はいるが家族全体の半分に満たない世帯」（低発症率）、「家族の半分以上が患者の世帯」（高発症率）である。

この三つのグループを比べると、ほぼすべての栄養素について、「患者のいない世帯」の摂取量が一番高く、「患者が半分未満の世帯」、「患者が半分以上の世帯」と続いている。しかし、各グループの平均量の違いは小さい。さらに、各栄養

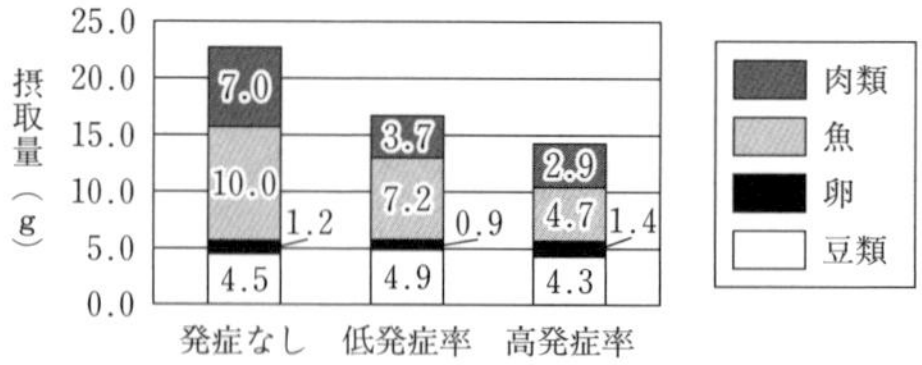

図7　発症率による食品群1食品別たんぱく質摂取量

素がどのような食品から摂取されているかを見るため、図6のような「六つの基礎食品群」の分類を使って分析した。

どのグループも5群食品（穀物）から摂っている栄養素についてほとんど違いがない。この群に該当する食品は圧倒的に米で、麦が少し含まれている。どの家でも米は十分に食べているということだ。2、3、4群からの栄養摂取量は、世帯のグループ間で一定の傾向は見られない。2群に含まれる食品は牛乳、乳製品、海草などであるが、このなかでシャムタ村にあるものは牛乳だけだ。聞き取りの際も、牛乳は個人の嗜好による違いが大きく、牛乳は好きでないので飲まないという答えも聞かれた。3、4群は野菜で主にビタミン源となっている。バングラデシュでは砒素中毒の治療にビタミンA、C、Eが使われていることを考えると、砒素中毒の発症と3、4群食品の摂取量に何か関係があるのではないかと期待したが、明らかな傾向は見られなかった。

これに対し1群食品（肉類、魚、豆類、卵）からの栄養素摂取量には一定の傾向が見られた。発症率が下がるほど、摂取量が上がる傾向の栄養素が多いのである。とくに、グループ間でたんぱく質の摂取量の違いが大きい。患者のいない世帯が患者のいる世帯に比べてたんぱく質を多くとっている傾向が見られた。たんぱく質について食品群1をさらに肉類、魚、豆類、卵に細分し分析してみると、図7のように豆類、卵からのたんぱく質摂取は患者のいる世帯といない世帯でほとんど差がないが、魚、肉類からのたんぱく質摂取にはっきりとした違いが見られた。

金持ちと貧乏

一方、世帯の収入と栄養摂取の関係をみるため、対象世帯を「高収入」、「中間」、「低収入」の三つのグループに分けた。たんぱく質、脂肪、カルシウム、鉄分は世帯収入が高いほうへ行くにしたがって、摂取量も高くなっている。逆に、エネルギー、炭水化物は収入が低いグループの摂取量が高い傾向がある。ビタミンの摂取量は世帯グループ間での違いが小さく、収入との相関はあまり見られない。

患者のいる割合によるグループ間の比較と同じように、1群食品（肉類、魚、豆類、卵）からの栄養素摂取量は、高収入世帯が明らかに高く、低収入世帯で低い。また、5群食品

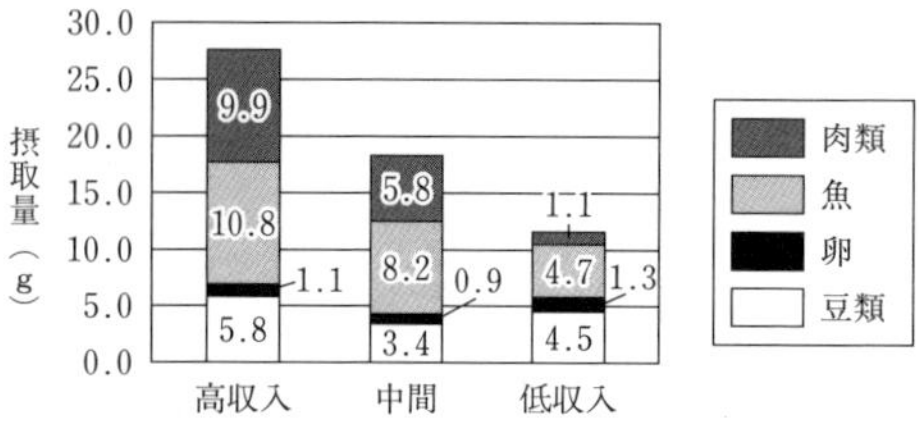

図8　収入群による食品群1食品別たんぱく質摂取量

（穀物）からの栄養摂取の傾向はこれと逆で、低収入世帯の方が比較的高く、高収入世帯が低い。これはおかずが足りない分、収入の少ない世帯では余計にご飯を食べているということかもしれない。

栄養素でいうと1群食品からのたんぱく質の摂取量が「高収入」世帯と「低収入」世帯で大きく異なっている。食品群1をさらに肉類、魚、豆類、卵に細分し分析すると、図8のような結果になる。まず、豆類と卵からのたんぱく質摂取は収入グループ間で余り差がない。魚からのたんぱく質量は、「高収入」と「中間」世帯ではそれほど違いがないが、「低収入」世帯は「高収入」「中間」世帯に比べて半分程度しか摂取されていない。肉類からのたんぱく質量は「高収入」世帯に比べて、「中間」世帯は約半分、「低収入」世帯は一〇分の一ほどしか摂取されていない。このように動物性たんぱく質の摂取量は収入によって大きな差が出ている。

中毒症状のある・なし、収入の多い・少ないと栄養摂取の関係についての二つの分析をまとめると次のようになる。まず、症状の有無の分析によると、グループ間でたんぱく質の摂取量に違いがみられ、とくに魚、肉類からの動物性たんぱく質の摂取量が患者のいない世帯では高く、患者の多い世帯では低いという傾向が認められた。栄養摂取と砒素中毒症状発症の生理的メカニズムについては、ここで扱うには専門的すぎるが、ねずみによる実験データによると、適量のたんぱく質を摂ったねずみは、低たんぱくのねずみに比べて、肝臓や腎臓の解毒作用が高いといわれている。この結果からみると、たんぱく質の摂取量は砒素などの毒物を体の外に排出する機能に関係があり、中毒症状の起こりにくさの一因となる可能性があるといえる。

動物性たんぱく質の摂取量の違いは対象世帯を収入によって分類したグループで比較しても認められ、高収入世帯では低収入世帯に比べて摂取量がかなり多いことがわかった。砒素中毒症状の発症抑制に効果があると思われる動物性たんぱく質は、世帯収入の高い世帯でより多く摂取され、低い世帯では少ない。たんぱく質の摂取が少ない世帯の住民は飲料水から体内に摂取した砒素に対する防御力が低く、砒素中毒症状を発症しやすい傾向があるということがいえる。これが、「貧しい人ほど砒素中毒になりやすい」という関係についてのひとつの説明である。

それでは農村部の生活の中で世帯収入が食事の内容にどう結びついているか、村の食事と食材の調達方法について次に詳しく見てみることにする。

3　村の食事と食材調達

シャムタの食事

では一般的に村の家庭ではどのような食事を取っているのか簡単に紹介しよう。

午前中早めの時間に村を回ると、洗面器のような入れ物に山盛りした大量の水漬けご飯を食べているところに出くわすことがある。これは農村の貧しい家庭の一般的な朝食で、前日の残りのご飯に水をかけ、それに塩を混ぜて生の青唐辛子をかじりながら食べる「パンタバハット」と呼ばれるものだ。カレーなどの残り物があればそれも一緒に食べる。ご飯に冷たいものをかけるというと宮崎県の郷土料理の「冷汁《ひやじる》」を連想させるが、冷汁とはかなり味でも栄養面でも見劣りする。もっとも、冷汁の起源は麦飯に残った味噌汁をかけて食べるというパンタバハットと似たようなものだったらしい。

食事は概ね一日三度であるが、朝食は前日の残り物を食べるのがほとんどで、新たに料理することは稀である。どの世帯も昼食はほぼ例外なく調理をする。夕食は調理の頻度で言うとその中間くらいで、お昼の残り具合によって、新しく料理を作ったり作らなかったりする。それで、一日の調理回数は平均すると一・五回くらいになる。

このなかで昼食がもっとも重要な食事だ。バングラデシュの食事の基本はお米のご飯で、これにおかずがつく。日本の食事と基本形態は同じだ。昼食の場合、ご飯とおかず二皿がもっとも一般的である。おかずの中心はなんと言ってもカレー、二皿のおかずのうち一品はほぼ必ず「カレー」、二品とも「カレー」という場合も多い。

写真 9　朝食にパンタバハットを食べる少年

バングラデシュのカレーは日本のカレーのようなとろみがそれほどなく、具は一種類という場合が多い。カレーに具として入れられる食材には、牛

写真10　ほぼ出来上がった昼食。左手の黒いフライパンに入っているのが「バジ」，かまどにかかっている二つのなべにはご飯とカレーが入っている。

肉、やぎ肉、鶏肉などの肉類、魚各種、卵、野菜各種があり、それはつまり村にある食材はほぼなんでも具になるわけだ。頻度からいうとジャガイモが一番多い。これはジャガイモがほぼ一年中手に入り、価格も安いからだ。ちょっと変わり種としては、村でおいしい大根のカレーをご馳走になったことがある。大根ははじめ日本の海外青年協力隊によって持ち込まれ、現在では比較的一般的な野菜のひとつとなっている。肉や魚のカレーも好まれるが世帯によってはめったに食べられない場合もある。この世帯間の差が砒素中毒と関係している。

カレー以外のおかずには炒め物、豆の

写真11　我々の宿舎での夕食。一番右手前がご飯，その左がナスのバジ，真ん中左が豆のスープ，その右隣が野菜の炒め物，水の入れ物の向こうにも右上にもう一品バジがある。村の食事に比べるとかなり豪華版だ。

スープ、「ボッタ」と呼ばれる野菜をつぶして団子状にしたものなどがある。炒め物は「バジ」と呼ばれ、様々な野菜を炒めたものだ。炒め物の場合も、一皿の炒め物は一種類の野菜で作ることが多い。また、魚の切り身などを素揚げにしたものもバジと呼ばれる。豆のスープの濃さは日本の味噌汁に近い。カレーに比べて香辛料は少なくそれほど辛くない。引き割りにしたヒラマメのスープに塩味をつけ若干の青唐辛子を加えた味付けだ。どのマメを使うか、どの程度水分を加えるかなどによって違いが出る。

ボッタは逸品である。様々な野菜を

つぶし、タマネギ、唐辛子を刻んだものに、カラシ菜油を加えてよく混ぜ、団子状にしたものだ。ジャガイモのボッタはつまりマッシュドポテトになる。カラシ菜はその実を酢漬けにすればもちろん「マスタード」になる。カラシ菜油はカラシ菜の実を絞って生産されるが、マスタードというよりはわさびに近い風味があり、つぶされた野菜の味とよく馴染んで微妙な味を醸し出している。日本の料理屋でも十分に使える味ではないかと思う。

これらおかずはカレーも含めてすべて、ご飯と混ぜて食べられる。ご飯とおかずを手で徹底的に混ぜて食べることが基本である。スプーンやフォークを持っている家庭も多いが、日常的な食事でそれらを使うことはまずない。ご飯対おかずの比はご飯が圧倒的に多く、日本人からみるとベンガル人は少量のおかずで驚くほど大量のご飯を食べる。

写真12　村の家族が台所で昼食をとっているところ。男性と子供が先に食べ，女性は給仕をしている。

食事の時間は朝食が七時前後、昼食は二時ごろからのことが多く、夕食は八時より早く始まることはない。通常子供や夫が先に食べ、終わってから妻が食べる。家族が一堂に会して食事をし、団欒するという概念はないようだ。村の中で食事用のテーブルがある家は大変稀で、全部訪れたわけではないがシャムタ村の約七〇〇世帯の中で、あっても二、三軒ではないかと思う。通常、訪問者をもてなす場合はベッドの上で食事が行われる。訪問者はダブルサイズの木製ベッドの上に座れるだけ座って、そこで食事を取る。普段の食事は床や縁側のような場所でばらばらに食べる。

昼食が最も重要な食事で内容も豊富だ。食べ終わった後は十分な長い休憩を取り昼寝をする。ちょっと中南米のシエスタに似たところがあり、午後はあまり仕事にならない。農業をする人は朝早いうちから田畑に出て働き、その日の仕事は昼食までに済ませ、一番暑いときは家で休んでいることが多い。郷に入れば郷に従えとはいうものの自分の習慣というのはなかなか変えられないもので、我々が村で調査をするとき、やはり十二時頃お昼ご飯を食べたくなる。調査を手伝ってくれる村の人たちも我々のスケジュールに合わせてくれて、バングラデシュとしては短い休憩の後、また調査を続行するという少々気の毒な事態となる。

写真13　定期市型のシャムタバザール。バザールが始まったばかりでまだ人出は少ない。中央の白い服の男性が持っている縞の袋は典型的なバングラデシュの「買い物袋」。

農村家庭の食糧調達

食事調査の結果、貧しい世帯と裕福な世帯では動物性たんぱく質を含む食品など食事の質に大きな違いがあることが分かった。しかし、日本のような食糧を生産しない人口の割合が高い社会とは異なり、シャムタ村のようなバングラデシュの農村では大多数の人々が農業などの生産活動に直接従事している。そのため、現金収入が乏しくても、食糧の入手はできるのではないかとの疑問が生じる。

そのような社会で、世帯収入が食事の質にどう具体的に結びついているのかは、各世帯の生産活動の理解なしには把握することが出来ない。多くの農家では

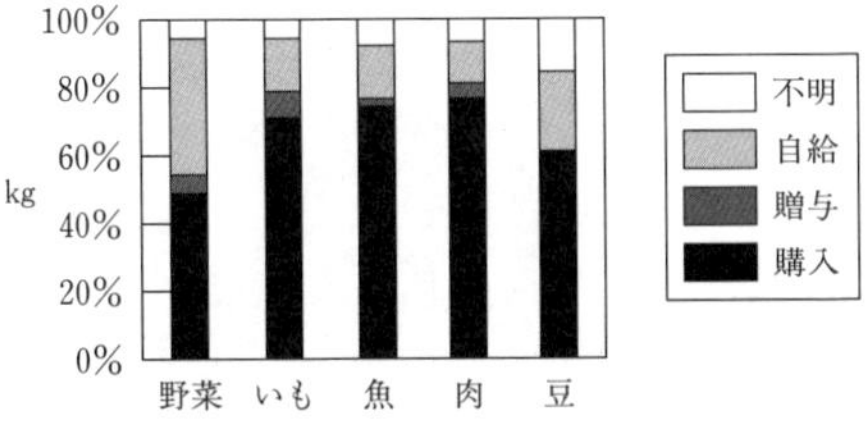

図 9　食材の入手方法別重量の割合

農作業を家族で行うのではなく、農業労働者を多用している。シャムタ村でも全世帯のうち七割以上は農業に関与しているものの、その半分以上は農業の日雇いが主な職業で、自分の所有する農地はわずかしかない。このような多数の農業労働者は、農業に直接従事しているとはいえ、その収穫からの分け前は少なく食糧の多くは購入によることになる。

二〇〇〇年九月に行った食事調査のとき、延べ一二七日分の調理に使われた食材の入手方法も記録した。主な入手方法はバザールなどでの「購入」、知人や親戚からもらう「贈与」、自分の家で作る「自給」の三種類だ。ここでいうバザールとは南アジア全域で一般的な市場のことだ。週に一回あるいは二回、バザール用の広場で定期的に露店が開かれるタイプと、毎日開いている固定した店が集まっているタイプのものがある。固定型の商店は幹線道路沿いだけにあるので、多くの農村では定期市型バザールで食糧が購入される。

写真14　池で魚を捕っているところ

購入された食材についてのは購入時の量・値段についての記録を行った。使用された食材の重量では、米が全体の半分以上を占めるが、購入された米はわずかしかない。これに対し、肉、魚、豆、いもは購入された割合が高く、その他の野菜も約半分が購入されている（図9）。しかし、入手方法がわかっているものを対象に、どれだけの金額が支出されたかを比べると、魚購入のために支出された額が最も多く、ついで、肉、野菜、となる。つまり、肉と魚は重量比でいうと全体の食材の八パーセントに過ぎないが、食材購入のための支出の六二パーセントは肉と魚に使われている。

魚はなぜ手に入らないか

シャムタ村の家庭で消費されている魚の四分の

三がバザールなどで購入されたものという結果はいくつかの意味で意外だった。

村は海からは遠いものの、そこで食べられている魚のほとんどはコイやナマズの仲間の淡水魚である。村の東側にはベトナ川や沼地があり、北西に少し足を伸ばせば大きな三日月湖もある。また、なんといっても村の中に数多くの池がある。村内の池の多くでは食用のために魚が飼われていて、投網で魚を捕っているのをよく見かける。そのため、はじめの頃の印象では、村の人たちは魚を食べたいときは池、川、沼、湖などで捕まえられるの

写真15　(上) バザールで売られている魚
(下) ベトナ川で捕れたナマズ

で、世帯収入とは関係なく同じように魚が消費されているのではないかと推定した。

ところが、魚の大半はバザールで購入され、貧しい世帯では十分に魚が食べられないというのだ。村内の池について調べてみた。

村内には一二六の池がある。大小さまざまだが平均すると約七〇〇平方メートル（二〇〇坪ほど）でそれほど大きいわけではない。これが家の前、家の横、家の後ろ、村中至るところにある。池の用途は日本のため池のような農地の灌漑ではなく、日常生活の用途に使われ、水浴、洗濯、食器洗い、時には家畜も洗うし肝心の魚も飼っている。水浴は井戸でもできるが、村の人たちは池の水浴を好む。井戸は水を汲むのが面倒だという。それで、それぞれが自分のお気に入りの池を決めていて、かなり遠くてもそのお気に入りの池に水浴に行く。ちょっとした銭湯通いである。水浴に好まれる池の条件の第一は水量が豊富で水がきれいなことで、誰がどの池で水浴をしてもまず問題になることはない。これだけみると一見池は共有されているようにも見える。

ところが、ベンガル地方には歴史的に村の周辺の林など入会地的な場所があったといわれているが、いくら探してみても現在シャムタ村に共有物・共有地はほとんどないのである。池もひとつ残らず個人所有となっている。この所有者がそれぞれ自分の池で魚を飼ってい

写真16　自転車につけたアルミ容器に稚魚を入れて売り歩く行商人

て、その魚は当然池の所有者の独占的所有物でもある。

池の所有者は他人が自分の池を水浴びや洗濯に使っても問題にすることはないが、魚を自由に捕らせることはまずない。池の所有者は雨季に何種類かの稚魚を買って池に放しておく。この稚魚は大規模な養魚場へ行って買うこともあるが、自転車に大きなアルミ製の容器を乗せて稚魚を売りに来る行商から買うことが多い。家の周りにある池では通常残飯を池に投げ入れるだけで、そのうち育った魚を食べたり、バザールで売ったりする。池の中には魚の養殖に特化したものもいくつかあり、この場合魚を早く育てるために窒素肥料などを池に投入する。このような池は富栄養化によって赤潮状態になっているので一見してそれとわかる。

池の所有者などへの聞き取りから村の池や湖、沼、川などそこからの総漁獲高は年間二二トンくらいと推計された。しかし、漁獲量の七割以上は近隣のバザールへ出荷され、自家消費に回るものは二三パーセントに過ぎないことが分かった。また自家消費に回る魚はその池の所有者しか収獲できないので、村内世帯でひとつでも池を所有しているのは九六世帯、つまり池から魚を捕って食べることができるのは全体の七分の一ほどの世帯しかないことになる。つまり、村内の池ではかなりの量の魚を生産しているが、それによって食生活の質が向上しているのは、池を所有している一部の世帯のみということができる。それ以外の世帯はバザールで購入するほかなく、分析のように世帯収入と魚の消費量の関係が強く出る結果となっている。

やぎ貯金

では動物の肉はどうだろうか。バングラデシュの農村には至るところに動物がいる。主な動物は牛、やぎ、鶏、あひる、がちょう、鳩などである。もちろんペットではない。犬や猫もいるが誰が飼っているか分からないことが多く、これらはペットでもなく家畜でもない。

写真17　庭で放し飼いになっているにわとり。残ったご飯を食べさせる。

写真18　村の中の至るところに牛や，やぎがいる。

写真19　ベンガルの「牛車」。日本のものとは趣が違う。

全く動物を飼っていないという世帯は大変稀だ。

日本の農家とは違って農場を作るのではなく、家畜は各家の周りでの放し飼いが一般的なので、村のそこかしこに動物がいるのである。牛小屋などの家畜小屋はあるが、ずっとそこに入れられているわけではなく、日中は道端や空き地につないであることが多い。また、放牧地、採草地などとしての特別な場所はなく、青草などの飼料は、道端、田畑の雑草などに依存する人々が多い。家畜用の飼料も、特別に調達するということはなく、毎日の生活の中で、脱穀、精米時に出る米ぬか、ふすま、稲藁や豆殻、残飯などを与えているようだ。

このようにほぼすべての世帯で家畜・鳥を飼い、畜産が盛んに行われているが、鳥の肉と卵以外はほとんど自分たちの消費に向けられることがない。鶏やあひるなどの鳥にしても日常的に食べるわけではなく、親戚などの客が来た時のもてなしのために料理する。卵は食用と繁殖用両方に使う。一般的な家では卵を食べるのはかなりのご馳走で、ひとつの卵を家族で分け合って食べることが多い。

やぎは牛に比べて小さくおとなしいため、力のない年寄りや女性、子供たちなど誰にでも世話をしやすい。また、牧草、雑草、木の葉や枝、野菜くず、バナナの皮など何でも食べるので、育てる費用もかからない。やぎは村にいる動物の中では一番「ペット」に近いかもしれない。たまに名前がついたやぎがいることがあるが、他の動物で名前がついているものは見たことがない。食用として飼育されているが、飼い主がやぎを屠殺して食べることは年一回の犠牲祭以外ではまずない。やぎは生きている貯金のようなもので、小さいときに安い値段で買い、大きくなって「利子」がついたら売る。その売ったお金でまた子やぎを買う。また、急にお金が必要になったときには、近くの家畜市場で売ることもできる。うまくやれば、一家を支えるとまではいかなくてもかなりの収入になるため、近年女性の自立支援プログラムにやぎ飼育が取り入れられることがある。

牛はだんだん数が減りつつある。かつては人力以外の唯一の動力源として農耕にどうしても欠かせないものだったため、多くの牛が農村で飼われていた。しかし、次第にトラクターが導入されてきたため、かつてほど牛に頼らなくてもよくなってきた。また、牛を畑や野原に連れて行って草を食べさせるのは子供の役目だったが、就学率が上がるにつれ牛の世話をする子供が少なくなったという話も聞いた。そうは言っても、まだ代掻きは牛によるものがほとんどであり、牛の役牛としての価値は依然高く、廃牛以外は食用にされることはない。

つまり、世帯内で行われる畜産活動によって直接供給される動物性たんぱく質は、大変限られた量の卵や鳥の肉以外にはほとんどなく、家庭内で消費される肉の大半は購入によるものとなる。そのため、肉の消費量は魚に比べて、より敏感に貧富の差を反映するものとなる。

犠牲祭

この貧富の差による肉の消費格差が一年に一度だけ解消される。犠牲祭である。

犠牲祭はイスラム暦の十二月十日、メッカ巡礼の最終日に行われる。イスラム暦は純粋な太陰暦で、一年が三五四日、太陽暦より一一日短いため犠牲祭の行われる日が毎年少しずつずれていく。犠牲祭は預言者イブラヒムの故事に由来するイスラム教最大のお祭りだ。この

写真20　犠牲祭の朝の礼拝。シャムタ村のイードガ。

日のために金持ちは牛を買い、ふつうの人は何人か共同で牛を買い、貧しい人もかなり無理をしてやぎを買う。犠牲祭が近づくとみんなうきうきそわそわしているように見える。犠牲祭に供される予定の動物の角に赤やピンクのリボンがつけられているのをよく目にする。

犠牲祭の日の朝、村人は「イードガ」と呼ばれる広場に集まり集団で礼拝を行う。その後、村のあちこちで屠殺がはじまる。解体された肉の三分の一はその動物の所有者が取り、もう三分の一はその親戚に、残ったもう三分の一は犠牲祭のための動物が買えなかった貧しい人に配られる。その日の午後からは延々とご馳走パーティである。数日間続く。メインディッシュはもちろん肉入りのカレー。それ以外にも盛りだくさんのご馳走だ。

写真21　犠牲祭で解体した牛の肉を分けているところ

犠牲祭のときだけに食べられるというそうめんをミルクで甘く煮たような「シマイ」、特別なお米で炊いたご飯、油で揚げた「ジラピー」というお菓子、などなど。

　バングラデシュの人は普段でも人を家に呼んでご馳走するのが好きなのだが、犠牲祭のときの熱意は格別だ。この日に村に行くと知り合いはもちろんのこと、そうでもない人からも盛んに家へ来いと誘われ、少なくても四、五軒は回る羽目に陥る。犠牲祭の料理はどこの家庭でも力を入れているので大変おいしいがやはり限度というものがある。断りきれず食べ過ぎて次の日熱を出す人もでるくらいだ。

　食事調査のデータで食材の使用頻度を見てみると、たんぱく質源の食品では魚が最も多く使用され、豆類、肉類、卵と続く。最も多い魚でも二日に一回調理されるだけである。豆類は三日に一回、肉類と卵は八日に一回調理されるという率になる。これと比べると犠牲祭期間中の肉の消費は突出している。この期間は平均一日一回肉が調理され、食事一回当たりの肉の平均使用量はそれ以外の期間の約一〇倍となっている。世帯によっては、一年間で肉を食べるのはこの犠牲祭の期間中だけという場合もある。

その後のこと

砒素中毒に話を戻そう。

上に挙げたような理由で、世帯の生産活動が動物性たんぱく質の摂取に必ずしも反映していない。住民には極端な栄養失調状態は見られず、どうにか生活が成り立っている。その状況では生産した動物や魚を栄養の足しにするためそのまま食べるよりも、売って生活の足しにした方が生活全般には有利に働くかもしれない。ところが、そこに地下水砒素汚染という環境からの圧力が加わると、より脆弱な世帯経営を強いられる貧しい世帯では動物性たんぱく質は最低限しか摂取されておらず、この歪みが砒素中毒という結果となって現れているといえる。経済力の低い世帯には畜産、水産の生産物を消費に回し、動物性たんぱく質をより多く摂取し、砒素に対する防御力をあげるほどの余裕がない。もしそうすれば、かなりぎりぎりで成り立っている世帯経済のバランスを崩し、成員の生存そのものにも影響が出る世帯もあるだろう。たとえば、事故や病気など突発的な事態に備えるためにやぎなどの家畜は飼われているが、その「貯金」をはたいて栄養をとってしまった場合、砒素に対する備えは上がるものの、緊急事態が起こったときそれに対応するすべはなく、家計は崩壊してしまうかもしれない。そのため、砒素に対する防御として動物性たんぱく質を十分に摂取することは、全体としては適応的でなく、現状では貧しい世帯が採ることのできる解決策ではない。したがって、対策は砒素中毒の第一原因である飲料水中の砒素を断つことに向けられなければならない。

一九九七年の春、シャムタ村ではじめてのアジア砒素ネットワークによる調査が行われた。その数ヵ月後、まず三本の深井戸が安全な水を供給するために掘られた。深井戸は地下一五〇メートルを超えるところにある帯水層から水を汲み上げる管井戸で、その帯水層は浅いものに比べて砒素による汚染率がかなり低い。アジア砒素ネットワークとしては二回目、私にとっては初めての調査に先立つ三ヵ月ほど前のことだ。それからまた一年ほどして四本の深井戸が掘られた。また、二〇〇〇年にはアジア砒素ネットワークが初めて建設する安全な水を供給する代替水源として、池の水を緩速ろ過し飲み水にするポンド・サンド・フィルターを建設した。二〇〇三年には改良型掘り抜き井戸も四基建設され、シャムタ村の砒素汚染のひどいところには安全な水がほぼ行き渡っている。二〇〇三年に行われた患者の追跡健康診断ではかつて皮膚症状などがあった人たちのうち、約半数は症状が認められなくなっている。

三年に及ぶ我々のシャムタ村での調査を手伝ってくれた青年たちの何人かは、砒素対策活動に本腰を入れるため二〇〇〇年にバングラデシュで現地事務所を開いたアジア砒素ネットワークのスタッフとなった。土呂久での経験を伝えるためにアジア砒素ネットワークが国外に出たように、彼らもシャムタ村の経験を元に別の村の砒素問題を解決するために活動を行っている。

シャムタ村ではアジア砒素ネットワークの砒素対策モデル村としてさまざまな種類の安全な水を供給する代替水源を数多く作ることができたが、砒素に汚染された井戸のある多数の村すべてがシャムタ村のような手厚い対策を受けられるわけではない。限られた社会的資源をより有効に使うには、建設される代替水源ができるだけ多くの人に、できるだけ長く使われるように計画が行われなければならない。そのような持続的な代替水源建設を計画するための情報収集とその分析を目的として、また別の村で調査を始めた。二〇〇二年のことだった。

土呂久鉱毒事件

土呂久は宮崎県の最北部、祖母山系の山ひとつ越せば大分県に入る小さな谷間に位置する集落である。集落の三方を取り囲む斜面は急峻でその底を走る土呂久川沿いに点々と人家がある。現在の人口は一三八人である。

土呂久鉱毒事件はこの山深い集落を舞台として起こった。江戸時代には銀山もあったこの地域に大正九（一九二〇）年に砒素鉱山が開かれた。掘り出された砒素鉱石から亜ヒ酸が製造され、外貨獲得のために盛んに輸出された。この鉱山景気によってこの集落内には映画館も作られ人口も一時は五〇〇人を超えたといわれる。しかし、亜ヒ酸は猛毒で致死量は〇・一〜〇・三グラムといわれ「青酸カリ」より毒性がやや強い。土呂久の亜ヒ酸は「亜ヒ焼き」と呼ばれる硫砒鉄鉱石を登り窯で焼くという製造方法で生産された。この製造過程で多くの亜ヒ酸粉末は窯内に順次堆積するが、一部は亜硫酸ガスとともに排煙として外気に放出される。

このため土呂久の谷は排煙に包まれ、焼きガラ等に含まれた亜ヒ酸は川や土を汚染した。この結果、まず川の魚やミツバチが死滅、牛が倒れ、農作物が実らなくなった。まもなく土呂久の住民にも影響が及び、亜ヒ焼きに関わった人ばかりでなく、鉱山周辺に住む人の多くも次々に砒素中毒に倒れていった。山深い立地、外貨獲得・産業優先の政策などから第二次大戦以前の被害の全貌は明らかではないが、当時の住民が被害に遭いながら対策が採られない状況は『口伝　亜砒焼き谷』(川原一之著、岩波新書)に詳しい。

第二次大戦後、亜ヒ焼きは再開され住民の被害についてはなんら対策が採られないままだったが、一九七一年にその被害が外部に知られるようになり、被害者は多数の支援者を得て一九七五年に土呂久公害訴訟を始めた。この裁判で最高裁和解が成立したのは一九九〇年だった。鉱害による砒素中毒と認定された患者は二〇〇三年十二月現在一六七名、うち死者一〇九名を数える。

第三章　マルアのはなし

――「ただ水源を作ればいいということではない」――

1　マルア村と代替水源

援助遺跡

雨水利用をしている家庭を見学するためバングラデシュ南西部のシャトキラ県を訪れた時のことだ。道路沿いに四角い、ろ過槽つきの井戸のようなものが見えたので、車を止めてみた。近づいてみると、やはり四角のものは砂ろ過槽で、隣にある池の水を手押しポンプで汲み上げ、ろ過して飲み水に使う「ポンド・サンド・フィルター」だった。

このあたりはすぐ南に世界最大のマングローブ地域のひとつ「シュンドル・ボン」があり、海岸線まではまだ何十キロもあるものの、平坦な地形のため海抜はせいぜい二、三メートルで井戸水には塩分が混じることもある。このポンド・サンド・フィルターは塩分のない池の水を飲料水として利用するために建設されたということだ。しかし、それほど古そうに見えないこの施設は故障中で使用されていなかった。

そこから数キロ行ったところに、また同じ形のポンド・サンド・フィルターがあった。付近の住民の話によると、この施設は一年ほど前に作られたものだが、半年前から故障で使わ

写真22　世界食糧計画によって建設された現在使われていないポンド・サンド・フィルター（シャトキラ県）

れていないという。この施設もその前のものも作られた当初はある程度は使われていたらしいが、一旦些細な故障が起こると誰もそれを修理しようとする人がなく、放置されたままになっていた。

我々が見たのはこの二ヵ所だったが、住民によればその周辺に同じようなポンド・サンド・フィルターは何ヵ所か作られているということだった。これらの施設は国連世界食糧計画の援助事業である「Food for Work」事業により建設された。Food for Work 事業とは、途上国の慢性的な失業状態にある貧困層や女性を対象にして行われる援助の形態のひとつである。この事業では援助の一環として道路や施設などの建設工事を行い、そのために雇われた人々は給料としてお金ではなく穀物（主に小麦）を受け取る。言ってみれば現物支給の国際的失業対策事業といえる。バングラデシュではひとつの家庭が大量に小麦を食べるということはなく、支払われた小麦の多くはバザールに持ち込まれて売却される。その代価は通常の賃労働で得られる賃金よりもかなり高いものになるので、Food for Work 事業で働きたいという希望者も多い。

この事業で具体的に何を建設するかは現地の事業を考慮して決められる。我々が訪問した地域では道路の舗装とポンド・サンド・フィルターの建設が行われた。ポンド・サンド・フィルターの建設は井戸水の塩分問題があるので現地での必要性を考慮して決定されたらしい。しかし、この事業で建設されたポンド・サンド・フィルターは初期のメンテナンスが行われず、軒並み「遺跡」化していた。

その理由としては、まず、利用者として想定されていた住民が必ずしもこの施設の必要性を感じていなかったのではないかと考えられる。この建設計画自体は世界食糧計画が立案したもので、住民からの提案ではない。周辺住民としては工事で働けば穀物がもらえるので、ポンド・サンド・フィルターの建設に参加した。しかし、もともと必要性を感じていなかったので、この施設に対して所有意識が生まれなかった。また、工事で働いた住民は小麦のために参加したもので、想定利用者ではあるものの、必ずしも完成後の施設を維持・管理する責任を意識していない。

この施設は砒素対策ではなかったものの、砒素対策として安全な水を供給する代替水源を建設し運用していく点で、多くの示唆に富む。つまり、ただ水源を作ればいいということではないのだ。

これまで援助する側は自分が援助したいものを援助してきたといわれている。それが完全に善意から発想されたものにせよ、援助を受ける側の意識とのずれは否定できない。援助を受ける側はそれほど必要性を感じていなくても、あげると言われれば特に拒否する理由もない。しかし、その援助されたものを管理し、持続的に運用していく動機に欠けることは否めない。そうなると、このような施設が援助遺跡とならず継続的に利用され、維持・管理されるためには、いくつかの条件があるようだ。

そのような条件として、まず、何が必要とされているかを知ること。これは砒素対策に限っていえば砒素を含まない水ということになる。しかし、細かく見ると、どこにどのような水源が必要とされているのかについて、計画段階から理解しなければならない。次に、建設された施設が借りもの、贈りものではなく、利用者が自分たちのものという所有意識を形成すること。そして、その所有意識を基礎にした維持・管理に責任を持つ個人・集団を形成することである。

通常、そのような施設の運営を行う集団は利用者組合として組織され、維持・管理に責任を持つとされている。そのような組織を作る時に外部のモデルを使うと援助する側には合理的に見えても、その文化・社会に異質な組織は結局長続きしない。おそらく、組織だけではなく、制度や習慣もなるべく既に現地にあるものを、砒素対策活動に「使いまわす」ことができれば、援助の成果は現地社会との親和性も増し、持続性が上がると考えられる。このような観点から、二つ目のモデル村・マルア村では代替水源を効率的にかつ持続的に運用していく計画立案を念頭において、村の社会の仕組みについて、共同体、社会集団、ジェンダーの位置付け、共同の意思決定、共同作業などについて調査を行うことにした。

きっかけ

私がマルア村にはじめて行ったのはシャムタ村の調査を始めて二年目の一九九九年春のことだった。シャムタ村で調査をしていたとき、同行してくれたバングラデシュ国立予防社会医学研究所の医師が別の村でも砒素中毒患者が出ているらしいという情報を聞いてきた。

写真23　シャムタ村で行った調査の報告会

我々は調査の合間を縫って、その村を訪ねてみることにした。ジョソール市からの距離はシャムタ村へ行くのと、さほど変わらない。三〇キロというところだ。シャムタ村へは南西に行くのに対して、マルア村へは北西に向かう。途中、郡の保健所で案内してくれる地元の医師を乗せマルア村を目指した。マルア村に近づくに連れて道はだんだん細くなり、最後には土の道になった。乾季の終わりの土の道は大変埃っぽい。

村のバザールで案内を請いながら、手のひらに腫瘍ができているという女性の家に行く。腫瘍は素人目にもはっきりわかる。少しその周辺を歩いていると、医師に自分の症状を見せようと村人が次々にやってきた。田んぼのそばの空き地が臨時の診察室になってしまった。同行の医師が名前、症状のメモを取りながら手早い診察を小一時間行うと、おそらく砒素中毒によると思われる皮膚症状が三十数名に認められた。

そのときはそれで帰ったが、砒素汚染による被害がかなり深刻なことはよくわかった。しかし、当時シャムタ村での調査を始めたばかりで、アジア砒素ネットワークも二ヵ所をかけもちで活動できるような組織としての体力はなかった。

それでもアジア砒素ネットワークはその腫瘍の認められた女性とは連絡を取り続け、より詳しい診察、治療についての相談は行っていた。また、二〇〇〇年にダッカとジョソールに現地事務所を開設したため、その後は少しずつ活動の幅を広げ、その一環として深井戸一本をマルア村のバザール横に建設し、少しでも安全な水が供給できるようにした。二〇〇一年十二月にダッカでは政府関係者や研究者、ジョソールでは各種NGO、地方政府スタッフ、そしてシャムタ村では村の人たちに向けて計三回の調査結果報告会を行った。この報告会でシャムタ村での調査は一応の区切りをつけ、二〇〇二年一月からは新たなトヨタ財団の支援を受けマルア村での調査に入った。

マルア村のこと

シャムタ村に比べてマルア村では時間の進みが少しゆっくり感じられる。シャムタ村は村の東を幹線道路が通り、インドからの移住者も含めて人口の出入りが多い。マルア村はかろうじて舗装された道までででも一キロ以上、幹線といえる道路までは四キロほど離れている。そのため雨季には車が泥道にはまり立ち往生することは織り込み済みで、車ではマルア村まで行きつけず、途中から歩いたことも何度かある。

マルア村は人口規模で言うとシャムタ村より一回り小さく、人口約二、五〇〇人。大きな道路に面していない分、より農業集落としての色合いが濃い。郵便局、診療所、高校などがあり、周辺ではひとつの中核的な場所となっている。村は大きく西と東二つの集落に分かれており、西集落が東集落の三倍ほどの規模があり、バザールなども西集落にある。

具体的に何か取り立てて言えるものはないが、マルア村の印象は「まとまりがいい」ということだった。シャムタ村とははっきりと違う。何か相談事があってもシャムタ村では誰に言えばいいのか分かりにくく、また誰かに言ってもなんとなく他の人には通じていないというあいまいな感じがどうしても残った。それが、マルア村ではリーダーがはっきりしていて、リーダーでない誰か他の人に言ってもちゃんと主立った人には話が通じている。一口に

写真24　マルア村への途中車が泥道で立ち往生したため歩いて村へ向かう。この道が「メインロード」。

言えば、村の中のコミュニケーションがよく取れているという感じだ。

この状態には村の歴史の違いが反映しているのかもしれない。マルア村では、シャムタ村のように英領からの分離独立を契機としたヒンズー人口のインドへの移住あるいは逆にインドからの流入はなく、人口が比較的安定したまま保たれている。マルア村のザミンダールは、「領主」というよりはむしろ大きな地主程度だったらしいが、ヒンズー教徒ではなくイスラム教徒だった。そのため、分離独立の際、シャムタ村のニルカント・バブーのようにヒンズーへの迫害を嫌ってインドへ移住するということはなく、そのため伝統的な村の自治機構がそのような移住によって根こそぎにされることはなかった（第二章参照）。実際、このザミンダールの子孫は今でもマルア村に暮らしていて、村の社会の中心的な役割を担っている。マルア村の砒素対策委員会の委員長はこのザミンダールの子孫だ。

体系的に調べてみるとやはりマルア村の砒素汚染はかなり深刻だった。この村にある二八〇本ほどの井戸のうち全体では六四パーセントが、西集落の井戸だけに限ると八〇パーセント以上が一リットル当たり〇・〇五ミリグラムというバングラデシュの暫定基準を超えて砒素に汚染されていた。シャムタ村の井戸のほうが砒素濃度は高いものが含まれるが、基準値以上の汚染率で見るとマルア村の井戸はシャムタ村の井戸とほぼ同程度に汚染されている。皮膚症状で診断された砒素中毒患者は一二〇人記録されたが、そのすべては西集落に居住している。このため、代替水源の建設、運営に関するより詳しい調査は西集落を中心にして行うことになった。

代替水源

マルア村では様々な種類の代替水源施設が試験的に作られている。その効果や管理・運営に関する問題点、利用者の特性などの多岐にわたる調査が、実際に安全な水を供給しつつ

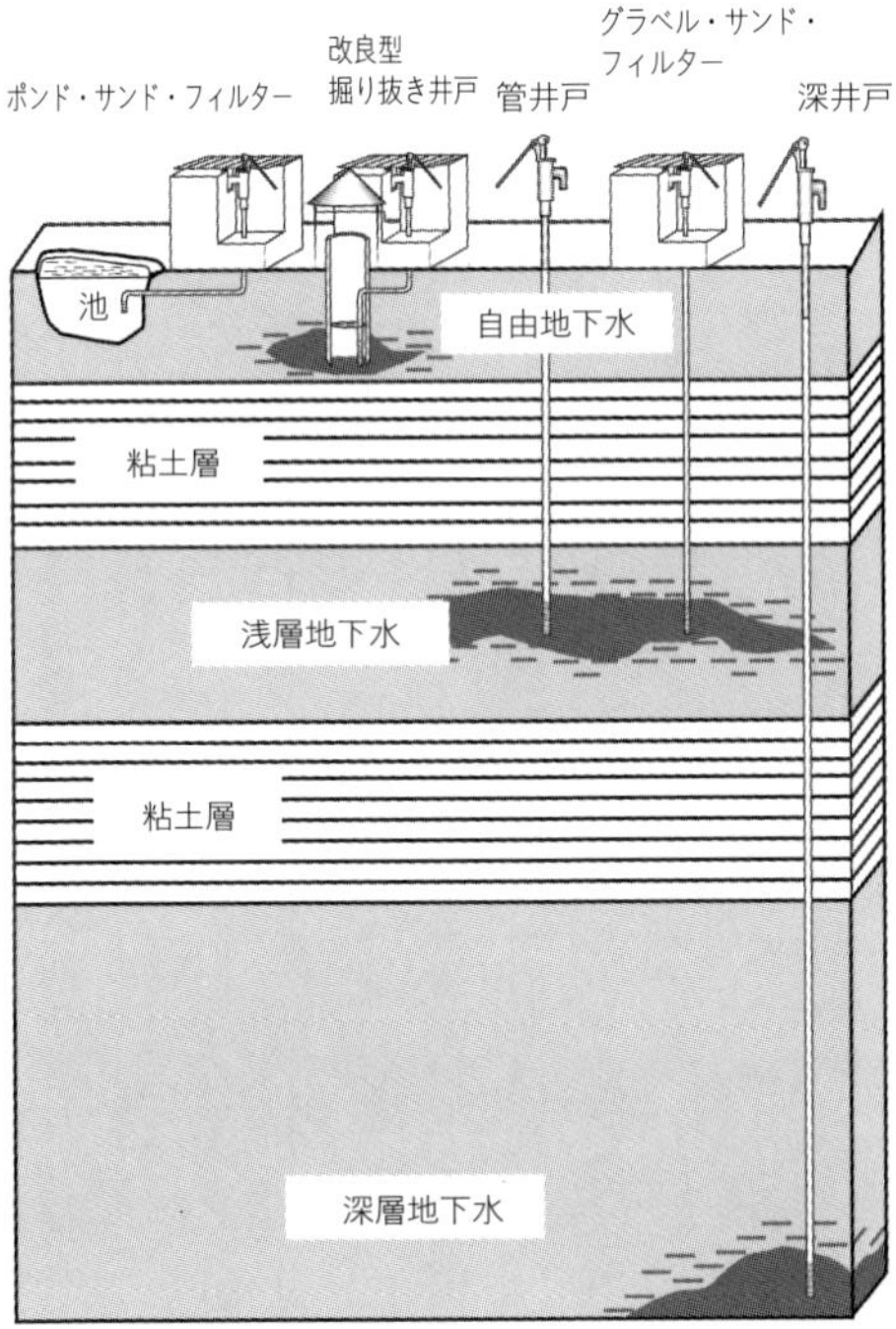

図10　代替水源施設の種類とそれぞれが使っている水源の模式図。実際にはこの図で見るより深井戸はずっと深い地下水を使っている。

「アクション・リサーチ」の形をとって行われてきた。そのためマルア村について詳しく話す前に「代替水源」について簡単に整理しておきたい。これまでも何度か話の中に出てきたが、「代替水源」とはいうまでもなく、砒素に汚染された通常の管井戸の「代わり」の施設で、砒素を含まない安全な飲料水を供給するためのものだ。

現在バングラデシュで使われている飲料水の原水は大きく分けて四種類ある（図10参照）。地面に近い方から表流水、自由地下水、浅層被圧地下水、深層被圧地下水となる。表流水は川や池の水で砒素は含まれていない。自由地下水は地表から一番近い地下水で、はじめの不透水層（粘土など）の上に溜まっている。帯水層としての規模は小さく、圧力がかかっていない。それに対して被圧地下水は上下を不透水層で挟まれているため、帯水層に圧力がかかり、この層まで井戸を掘れば自噴することもある。深層被圧地下水は深度一五〇メートル以上のところにある地下水を指し、浅層被圧地下水はそれより浅いところにある。

井戸には管井戸と掘り抜き井戸の二種類がある。管井戸は帯水層まで直径五センチほどの塩化ビニール製の管を入れ、地上部に設置した手押しポンプによって水を汲み上げる井戸だ。掘り抜き井戸は帯水層まで地面を掘り下げ、そこから直径一メートルほどのリング状井形を地面まで積み上げたもので、水の汲み上げには通常つるべを使う。日本の井戸はこの掘り抜き井戸と同じタイプである。

この中で砒素汚染が問題となっているのは浅層地下水から取水する管井戸だ。バングラデシュの全国調査によると約三〇パーセントの浅井戸が基準値以上の砒素で汚染されている。この水源に代わる代替水源施設の主なものを水源の深さの順に並べると雨水利用、ポンド・サンド・フィルター（表流水）、改良型掘り抜き井戸（自由地下水）、砒素除去装置つき管井戸（浅層地下水）、深管井戸（深層地下水）の順になる（図10）。

雨水利用は世界中各地で行われている手軽な飲料水確保の方法で、その名の通り屋根を利用して雨水を集め、できるだけ大きな容器に溜めて使う。この方法には特別な技術は何も必要なく、良質の水を得ることができる。雨が降る前に屋根を掃除し、雨水が容器に入る前に目の細かい網を通せば、ごみが水に入るのを防ぐことができる。雨水はほぼ純水なので水は腐らず、容器内に太陽光が差し込まないようにすれば、何ヵ月でも水質が悪化することはない。このため、雨季と乾季がはっきりしている地域でも、大きな容器さえあれば、雨季の間に溜めた雨水を次の雨季が来るまで何ヵ月も使い続けることもできる。マルア村では試験的に七世帯に雨水タンクを設置しているが、タンク建設のための初期コストがかかること、十分に大きなタンクがないため水を一時期しか利用できないなどの限定要因があり、まだ普及には至っていない。

前にも紹介した**ポンド・サンド・フィルター**は池の水をろ過して飲み水とする施設だ。砒素対策に使われているポンド・サンド・フィルターは世界食糧プログラムが建設したものとは違い、砂ろ過槽だけでなく、二つの砂利ろ過槽も持ちその浄水能力は高い。池の水にはもともと砒素は含まれておらず、硬度が高く鉄分の多い地下水に比べるとかなり質のよい飲料水を提供することができる。アジア砒素ネットワークがシャトキラ県に建設したポンド・サンド・フィルターはその水を飲むと体の調子がよくなるという評判が立ち、かなり遠方からも水を汲みに来る人が多く、行列ができることもある。

しかし、その評判に比べてまだそれほど多くのポンド・サンド・フィルターは建設されていない。それは、池の提供者がなかなかいないからだ。ポンド・サンド・フィルターの原水を取水する池は水質を確保するため専用の池でなくてはならないが、第二章で説明したように村のほぼすべての池では魚の養殖を行っており、経済的価値が高いため、提供者が見つからない場合が多い。マルア村にはまだポンド・サンド・フィルターは建設されていない。

地下水を利用する施設で一番浅いせいぜい数メートルのところにある自由地下水を使うのが**改良型掘り抜き井戸**だ。農村にとって掘り抜き井戸自体は新しいものではなく、現在の管

写真25　(上) マルアの改良型掘り抜き井戸と土地の提供者のオモールさん
(下) グラベル・サンド・フィルター1号基のテスト中

井戸が普及する以前に主な水源として使われていた。しかし、つるべを媒介として水が汚染され易く、感染症の原因ともなっていたため、一九八〇年以降、衛生的な管井戸の使用が奨励され次第に使われなくなった。しかし、掘り抜き井戸には次のような砒素対策に有利な特徴があると考えられていたため、再び脚光を浴びるようになった。掘り抜き井戸が水源としている自由地下水は帯水層の上部で空気を含んだ堆積層と接しており、また井戸の口径が大きいことからも空気との接触が可能である。井戸水が空気によって酸化されると水中の砒素は鉄とともに水酸化鉄となって沈殿し、結果として水中の砒素濃度は下がる。また、自由地下水は元来砒素濃度も浅層地下水に比べて低いと考えられていた。改良型掘り抜き井戸は自由地下水の砒素が少ないというこの特性を利用し、かつ衛生的な水を供給するために二ヵ所の改良を加えた。ひとつはつるべではなく、パイプとポンプで取水することで利用者と水の直接接触を防ぐこと。もうひとつは、汲み上げた水を砂ろ過槽を通すことによって塵や微生物も除去できる仕組みとしたことだ。

ポンド・サンド・フィルターに比べると建設コストが安いこと、池を犠牲にしなくてもよいこと、比較的最近まで主要な水源として使われていたので住民との親和性があることなどの理由で、改良型掘り抜き井戸は人気が上がり、実際の対策でも優先的に計画に組み入れられていた。ところが、ほとんど砒素を含まないとされていた自由地下水が実はかなりの割合で砒素に汚染されていることが、改良型掘り抜き井戸の数が増え水質検査の方法が洗練されるにつれて明らかになったのである。一時は改良型掘り抜き井戸が安全な水供給の切り札的な存在となっていたので、この発見で砒素汚染対策の活動は大きく混迷した。現在でも、改良型掘り抜き井戸は代替水源施設のひとつとして認められてはいるが、他の施設の開発が続けられている。現在建設されている改良型掘り抜き井戸はろ過槽部分の設計に改良を加え水がより多く空気に触れるようにすることで、原水の砒素濃度が一定量までなら鉄との共沈によって安全な水準まで砒素を除去できるようになっている。

改良型掘り抜き井戸に付属するろ過槽は本来埃や微生物を除去するためのもので砒素除去用ではない。砒素除去の目的では「**グラベル・サンド・フィルター**」というポンド・サンド・フィルターと似た構造を持つろ過装置が宮崎大学工学部により設計された。これまでに二基が村内に建設され、実証実験が続けられている。このグラベル・サンド・フィルターは通常の浅管井戸を水源とする施設で、水に含まれる砒素を除去し飲料水を供給する。この施設は新しく井戸を掘る必要もなく、すでに多く存在している管井戸を使うことができる点でほかの代替水源に比べ優れている。しかし、砒素除去の過程でかなりの量の汚泥が生成され、目詰まりを防ぐためには月一度程度のろ過槽の掃除が必要となる。また、取り除かれた汚泥には濃縮された砒素が含まれており、いかにこの汚泥を処理するかが現在の課題となっている。

一番深い水源を利用している代替水源が**深（管）井戸**である。深層地下水は浅い層の地下水に比べてかなり砒素汚染率が低く、おおむね安全と考えられている。また、いったん設置が終われば保守に要する手間はなく、水量も豊富で利用者には人気が高い。しかし、無秩序に深井戸を掘ると、汚染された浅い帯水層の水が井戸管を入れた穴を通じて下に滲み込み、もともと汚染されていなかった深い帯水層を汚染する危険性がある。深い帯水層にある地下水は非常に長い年月をかけて形成されたもので、流れも緩やかである。そのためこの深層地下水が一旦汚染されると、汚染から回復することはほぼ不可能と考えられている。良質で大量にある深層地下水は、鉱山資源のないバングラデシュでは、限られた天然資源のひとつであり、汚染から守ることは重要である。そのため、バングラデシュ政府はまず表面水や表層水の利用を優先的に進めている。

2　水汲みは女子供の仕事——村のジェンダー構造——

安全な水源に来ない人たち

二〇〇二年一月、マルア村西集落のほぼ中央に改良型の掘り抜き井戸が設置され、その通水式がにぎやかに行われた。この井戸は砒素に汚染された管井戸に代わって、安全な飲み水を供給するため、この村に作られたものだ。その一年ほど前に建設された深井戸とあわせて集落内の安全な水を供給するための代替水源は二ヵ所になった。村人の期待も大きく、大勢の人がこの井戸へ水汲みに訪れたため、地下水位が下がる乾季の終わりには、汲み上げる水の不足が心配されたほどだった。

この新井戸が設置されてまもなくの二月、我々はマルア村での初めての調査を行った。我々のバングラデシュでの調査も四年目を迎えたこの頃になると、村での調査にもかなり慣れマルア村の社会全体の穏やかさも幸いして、初めての調査としては順調に進んだ。この調査の過程で新井戸の利用状況も記録した。このとき記録された利用世帯は一〇〇を超え、住民の関心の高さを反映していた。

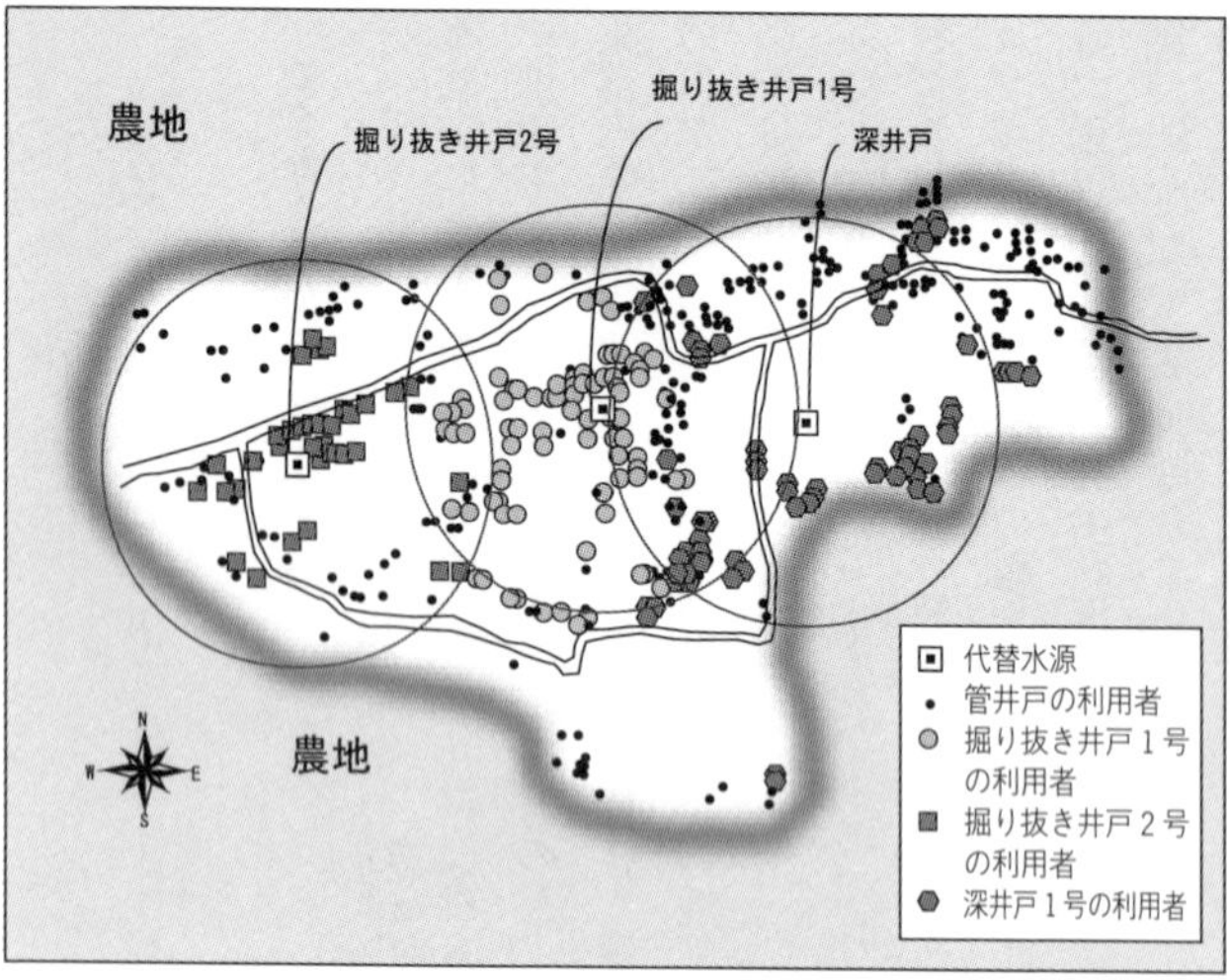

図 11　2002 年夏のマルア村西集落の代替水源利用状況。この時点の代替水源は 3 ヵ所。図中の円はそれぞれの水源から半径 200 m の地域を示している。

さらにこの後、五月にはもう一基の改良型掘り抜き井戸が集落の西側に設置され、西集落には三ヵ所の代替水源ができた。これで、西集落内のかなりの数の世帯が砒素に汚染された水を飲むことなく生活を送ることができるようになった。しかし、利用世帯を地図に落としてみると井戸の周辺の世帯が満遍なく水を汲みに来ているわけではないことが分かった。

二基目の新型掘り抜き井戸ができた後の西集落内の代替水源利用状況を図11に示した。周辺のグレーの地域は農地である。居住地

写真26　コルシを持つ女性。素焼きのものとアルミ製のもの両方を持っている。

区内にある「正方形の中にドット」のあるシンボルは改良型掘り抜き井戸、深井戸の代替水源である。そのほかは世帯の位置を表し、利用している水源によってシンボルが異なっている。「小さいドット」は従来の管井戸を利用している世帯、そのほか三種類のシンボルは代替水源の種類を表している。図中の円は各代替水源から半径二〇〇メートルの地域を示している。改良型掘り抜き井戸1号の利用世帯は、この井戸から半径二〇〇メートルの円に囲まれる地域のほぼ全域に広がっている。一方、この井戸のすぐ東側にこの水源を利用していない世帯の一群が見られる。

安全な代替水源を使わない最も一般的な理由は水源までの距離である。調査票による世帯調査の結果を見ても、代替水源を使わない世帯の多くは水源までの距離が遠いことを理由としてあげている。このことは、三つの代替水源を利用するほとんどの世帯はそれぞれの水源から二〇〇メートル以内に位置していることを見ても肯ける（図11）。

バングラデシュの農村では、水汲みは主に女性と子供の仕事とされている。通常水汲みは「コルシ」と呼ばれる水用の素焼きのつぼ（容量一二～一三リットル）あるいはアルミ・真ちゅう製の容器（容量一七～一八リットル）を徒歩で運搬する方法で行われる。したがって、容器に水を満たすとその重さは二〇キロ近くになり、二〇〇メートルほどの距離にある水源で水汲みを行うには、約三〇分程度を要する。各世帯は一日に二回から三回水汲みをすることが多く、水汲みは時間がかかる大変な作業となる。特に雨季は道がぬかるみ、歩いて行くのが大変になる。水源から遠くに位置する世帯では、乾季に代替水源を利用していても、雨季には利用せず、世帯近くにある汚染された管井戸を使用するという事態も起こる。

しかし、各水源を利用している世帯の分布を見ると、その水源を使うか使わないかは距離だけの判断ではないようだ。水源が近くにあるのに利用していない世帯にその理由を聞いてみると、直接の理由はその井戸の利用者組合に入っていないからという答えが返ってくることが多いのだが、実は家庭の男性が妻たちをその井戸まで水汲みに行かせたくないというのが本当の理由のようだ。このように、女性が水汲みの主な担い手であるために、代替水源の利用には女性の行動制限に関する文化的慣習が強く影響している。

パルダという女性の行動制限

「パルダ」とは、バングラデシュに限らず西アジアから南アジアの文化全般に見られる伝統的習慣のことで、その文化に属する女性の行動をさまざまに制限する。これは女性を家族以外の男性の眼から遮断することを目的とした女性隔離の慣習だ。パルダはもともとペルシア語やウルドゥ語で「カーテン」を意味することばであり、原則的には女性は家の敷地の外へ自由に出ることはできない。

アフガニスタンでイスラム教の原理主義的勢力であるタリバンが政権を握っていた時、女性に着用を強制した「ブルカ」はパルダの象徴的な衣服で、外出する女性を男性の視線から遮断するためのものだ。イラン映画「カンダハール」に登場したブルカは、大変念入りで、目の部分さえも網で覆い外見では性別さえ定かでない。映画では、その極端なブルカが重要な役割を果たし、ある男性が官憲の追及から逃れるのに利用される。性別も判らないほど女性の姿を隠すことが必要と考えられているのである。結婚適齢期や既婚の女性は一人で公共の場に外出することは許されず、ブルカを着用した上で親族の男性が同伴する。このようなルールを破れば一族の名誉を汚したとされて「名誉殺人」の対象となるという悲劇も起こる。

このようにパルダ慣習はイスラム教との関係が深い一方、インドやネパールのヒンズー社会にも厳格な女性隔離が存在している。そのため、パルダの起源は宗教的なものだけではなく地域的な文化にも根ざしていたのかもしれない。起源がどこにあるにしても、この「隔離」がどの程度厳しく行われるかは、地域、社会階層、民族集団、年齢、教育程度、職業などによって多様に変化する。

バングラデシュの農村でも、パルダの規範性はそれぞれの世帯で異なる。パルダを原理的に守る世帯では、世帯の成人女性が家の敷地外に自由に出ることを認めない傾向が強い。このような世帯では、水汲みは女性の仕事と考えられているので、安全な水源があったとしても、誰もそこまで水汲みに行くことはできない、あるいは行こうとしない。マルア村のほとんどの世帯では女性を敷地外に出さないというほど強くパルダを守るということはないが、それでも女性の行動には一定の限界があるようである。

特に、公共性の強い主要な道を女性が通行することははばかられるようだ。そのような道として、集落内には「メインロード」と呼ばれる他の村へ通じる道が東西に走っており、そのメインロードと合わせて西集落を周回するレンガで舗装された道がある。このような公共性の高い道を通行する女性は基本的にブルカを着用している。そうでない女性たちに聞いてみると、夫と死別し生活の必要上どこかへ働きに行くということが大半のようである。逆に集落内の路地、隣接する家の敷地では、女性はかなり自由に行動している。水汲みも道を通らずに人の敷地を通って行くことができれば女性にとっては便利だということだ。これは、家の敷地内は家族の領域であるため、よその男性は自由に通ることはできない。したがって、敷地内を縫ってどこかへ移動すれば、不特定の男性に見られることも少ないというわけだ。

男性に聞くと安全な井戸で水を汲むことは大事なことなので、妻が代替水源に水汲みに行くことは構わないが、行くについては夫の許可を得る必要がある、という意見が多かった。しかし、中には妻たちを水汲みに家の外へ出すくらいなら、これまでどおり砒素に汚染された井戸水を飲むことを選ぶ男たちもいる。そのような世帯では近くに安全な水源があっても利用しない。

「男子厨房に入らず」

ジェンダーの視点からみるとバングラデシュの農村では男女の役割の違いがはっきりしている。例えば、パルダの習慣があるため、買い物は夫の役目だ。村のバザールへ行くと店で物を売っているのはもちろん男性だが、買い物籠を下げてその日のおかずを買っているのも男性だ。妻の下着まで夫が買うのだそうだ。反対に料理、洗濯など家事全般は女性の仕事となっている。男性も料理を作ることがあるという話は聞いたことはあるが、今まで一度も見たことはない。

水汲みも女性の仕事のひとつだ。しかし、男性の水汲みは文化的に「禁止」されているというニュアンスではない。男性が水汲みをすることは悪いことではないが、人に見られるとちょっと格好が悪いという感じだろうか。ちょうど、何十年前かの日本で、成人男性が買い物籠を持って八百屋に行くような気恥ずかしさに近いのかもしれない。

マルア村には三種類、合計七ヵ所の共同利用のための代替水源がある（表2・図12）。深井戸二本、改良型掘り抜き井戸三基、砒素除去用ろ過槽つき管井戸（グラベル・サンド・フィルター）二基である。この七ヵ所の代替水源を誰が使っているのか調べてみた。村の調査を手伝ってくれる五人の砒素対策青年委員会、通称「ヤング」のメンバーに交代で朝六時から

表2　マルア村に建設された代替水源

代替水源の種類	設置時期
深井戸1号	2000年10月
掘り抜き井戸1号	2002年 1 月
掘り抜き井戸2号	2002年 5 月
グラベル・サンド・フィルター1号	2002年 7 月
深井戸2号	2002年11月
グラベル・サンド・フィルター2号	2003年 2 月
掘り抜き井戸3号	2004年 5 月

夕方六時まで水源施設の前に座ってもらい、水汲みに来るすべての人の名前、性別、年齢（大人か子供か）などの情報を記録した。

すると面白いことが分かった。深井戸1号と掘り抜き井戸3号は他の五ヵ所の水源と比べて断然男性の利用者が多いのである。どのくらい違うかというと、利用者に男性の占める割合が他の五ヵ所の平均では一〇パーセントであるのに対し、掘り抜き井戸3号は二八パーセント、深井戸1号は四〇パーセントにもなったのである。この違いの原因として考えられることは、他の五ヵ所の水源は住宅地内に位置しているのに対し、この二ヵ所は公共性の高い場所にあるということだ。掘り抜き井戸3号はレンガで舗装された集落の周回道路沿いにあり、深井戸1号はバザールの横に位置している。さらに、この二ヵ所の代替水源の位置はアジア砒素ネットワークのスタッフおよび関係者の日本人が主に選定したという経

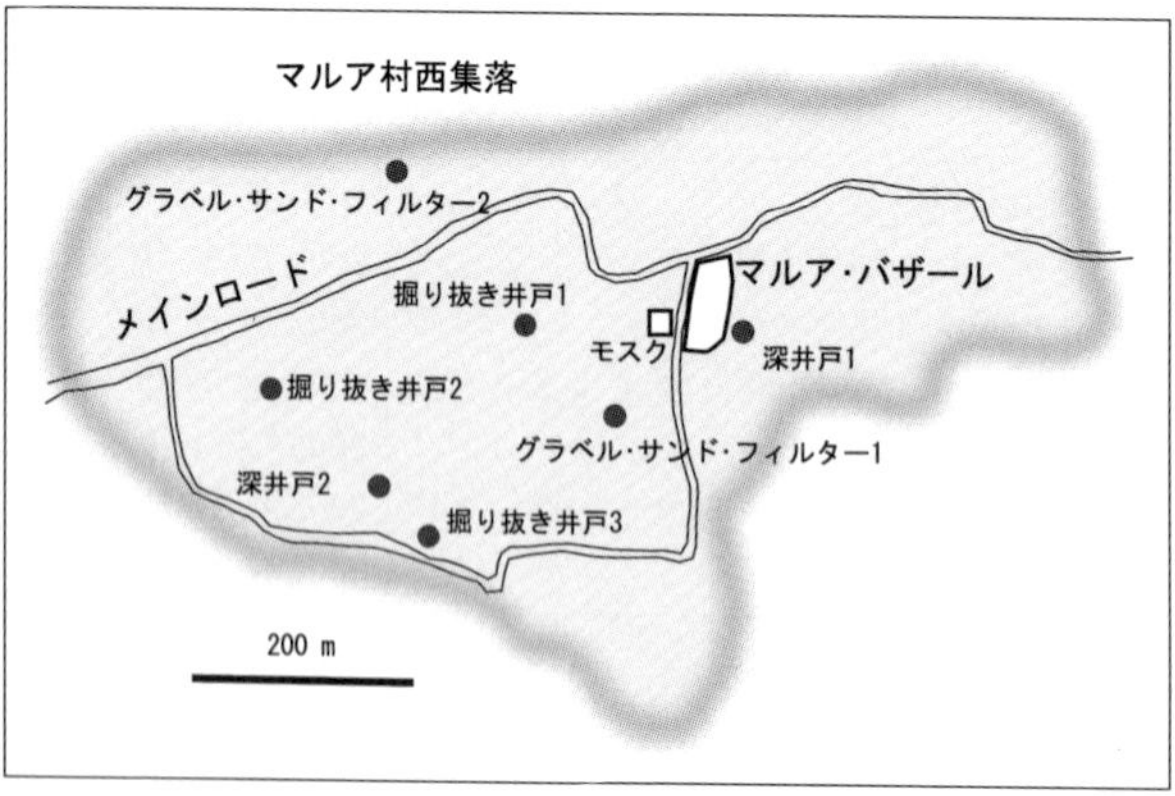

図12　マルア村西集落に建設された代替水源の位置と種類

緯もある。

私も掘り抜き井戸3号の位置選びに参加した。日本人としてはせっかくの代替水源であるので、なるべく多くの人が使えるように誰かの家の庭先ではなく、より「中立」的な場所がいいのではないかと考えたわけである。また、公共の道路なら誰でも通ることができるが、他人の敷地は通りにくいだろうとも想定した。

しかし、実際には女性はほぼ自由に他人の家の敷地を行き来することができ、敷地内なら不特定多数の男性に見られることもないので、そのような立地に不便を感じていなかったのである。だから、村の人が選んだ場所はすべてそのような立地になっており、村人の描く行動モデルに合致しているため、従来のジェンダーの役割どおり、女性の利用が圧倒的多数を占めたらしい。これに対し、日本人が選定した場所は意図したわけではないが、マルア村のジェンダー構造に少し揺さぶりをかけてしまったらしい。女性にとっては少々近づきにくい場所だったため、安全な水を得るためには照れくさいのを押して男性が水を汲みに来ることになったようだ。

3　村の社会と代替水源の運営

村のこと

ここまで本書では「村」という言葉を特別説明せずに使ってきた。しかし、村の社会について話す前に「シャムタ村」、「マルア村」と言うときの「村」という単位がどのようなものを指しているのか少し説明した方がいいようだ。このようなバングラデシュの村は「グラム」と呼ばれ、ジョソール県周辺の地域では、小さいグラムではひとつの自然集落がグラムの場合もあるが、マルア村のように複数の集落を含んでいるものもある。しかし、この村は行政単位ではない。村に議会はないし、村長もいない。

それでは社会的な単位ではないのかというとそれも違う。それどころか、村は非常に明確な社会単位で、伝統的に人々の生活の基盤となっている。南アジアにおいて様々な王朝や帝国が盛衰を繰り返した中で、「頂点の皇帝と底辺のグラム」という二つの制度は常に存在したといわれている。村は自治的に運営され、食料やそのほかの必要物資をほぼ自給する農村の生活世界の単位だったようだ。現在では取りたてて村を単位とした活動はないが、今でも村への帰属意識は強い。

地方行政組織の最小単位はユニオンと呼ばれる行政村である。ひとつのユニオンには五から一〇くらいのグラムが含まれている。ひとつのユニオンには九つ選挙区（ワード）があり、この選挙区から選出された議員とユニオン全体から選出された議長が評議会を構成している。この選挙区は必ずしもグラムとは重ならない。そのため、あるグラムから候補者が出ればそのグラムの住民は応援することが多いにしても、議員は各グラムの代表ということではない。

村に村長はいないが、集団的な意思決定にかかわるのは「マタボール」と呼ばれる数人の長老である。この長老は選挙で選ばれるわけではなく、任期、定数もない。「この人なら」という評判があがり、その時の長老もそれを認めたら段階的にマタボールとみなされるようになる。村内でのマタボールの権威は強く、その決定が大きく損なわれることはない。例え

写真27　マルア村のマタボールのひとり，雑貨屋兼茶店を経営するアブドゥッラさん

ば、マルア村が含まれるジョガディスプール行政村の前議長はマルア村の出身で、この人を議長に推すことを決めて他の村との調整を行ったのはマルア村のマタボールたちだった。マタボールが議長にいろいろ注文をすることはあっても、議長がマタボールに何か指示することはないということである。

マタボールたちの主な機能は村内で起こった問題の解決を図ることである。お金の貸し借りで問題が大きくなって、当人同士では解決できない事態になると、有力者が相談し、善後策について助言を与える。それでも、解決できないときは、警察や裁判所などに委ねられることもあるが、多くの問題は村内で解決される。

つまり、ムガール期以来の伝統的制度を踏襲してこのマタボールたちが村の運営の中心となっているわけだ。では、どのような人がマタボールになるのか聞いてみると、能力、見識があれば誰でもなれるというのが建前である。しかし、実際は特定の血縁による集団から選ばれるのがほとんどである。この集団とは「グスティ」と呼ばれる父系リネージで、父親から息子という男性の系統をたどって形成される親族集団だ。日本で「何々家」というときに想定される集団とほぼ同じである。つまり、村の「執行部」は有力な親族集団の代表で成り立っていることになる。

親族集団による社会的境界

それぞれの親族集団はもともと一ヵ所に固まって独自の居住区を形成していたと考えられる。いまだに一〇~二〇世帯程度で構成される小規模な親族集団は「パラ」と呼ばれる独自の居住区に固まって住んでいることが多い。マルア村でマタボールを出しているような有力な集団は規模も大きく、かなり広い地区に広がり、ところによっては交じり合って境目のはっきりしない大きな居住区を形成している。

グスティの機能として真っ先に上げられるのが、結婚についてである。結婚は父系親族集団としてのグスティを形成する骨組みであるので、その成員の結婚にグスティが関与するのは当然であるといえる。ある人の結婚に関してはその両親が重要な決定権を持つが、最終的には所属するグスティの主だった人の承認を得る必要がある。そのほか、割礼や葬儀など各種の通過儀礼を行う際、グスティ内で相談し、資金の準備や客の招待などを行う主体となる。それぞれの構成員は自分のグスティに対して帰属意識があり、「われわれ」という意識を持っている。もし、別のグスティに属する人が自分のグスティに属する人と問題を起こした場合、その二つのグスティの間に対立関係が形成されるという。

聞き取りでは相矛盾する意見も聞かれたが、このような帰属意識は選挙の際の行動にも影響するようである。投票は候補がどのグスティに属しているということとは関係なく、その人物が優れているかどうかで決める、という人もいた。しかし、実際村の議員に当選した人は、自分が大きいグスティに属していることは選挙で有利だったとも述べていた。このような感じ方には、もちろん個人差もあるが、候補者に特別問題がなければ、自分のグスティの代表と考え支持するのは自然な流れであるといえる。

そのようなグスティはお互いに敵対関係にあるわけではないが、集団内にまとまりのある分、ひそかな対抗意識はあると考えるほうが自然である。そして、これらの集団は暗黙の社

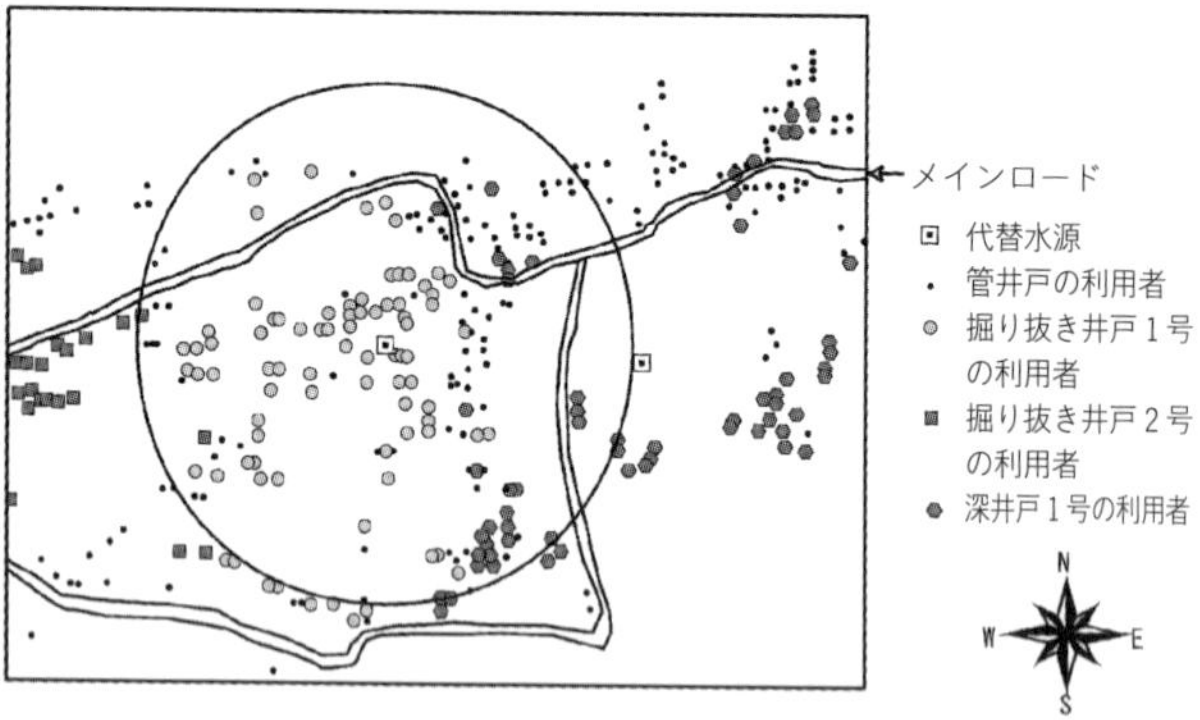

図13　掘り抜き井戸１号周辺の代替水源利用状況。図中の円は改良型掘り抜き井戸１号から半径200 mの範囲を示す。

会的境界を形成し、その成員の行動に影響を与えているといえる。その影響がどのようなものであるかは一様ではないにしても、ひとつの可能性としては、ある集団と別の集団に属する世帯間では、その集団間の関係によっては親しい交際をしない場合も想定できる。

前述のように、近くにあっても水汲みに来る世帯と来ない世帯がある理由のひとつは「パルダ」で、それぞれの世帯の男性が妻たちを外に出したがらない、あるいは女性が出たがらないということにある。もし各家庭でどの程度女性を隔離する傾向が強いかという理由だけなら、利用しない世帯があちこちに散らばっているはずである。

図13の改良型掘り抜き井戸1号周辺の利用状況をもう一度よく見てほしい。利用していない世帯

は、あちこちにあるというよりは井戸の東側に固まって、あたかも南北に境界線が引かれているように見える。これは、パルダをより強く守る世帯がたまたまここに集まっているというよりもほかに理由がありそうだ。その理由としてグスティによる社会的境界の存在が考えられる。

この見方で、改良型掘り抜き井戸1号の利用状況を解釈することもできるかもしれない。この井戸を利用していない世帯の一群は1号井戸からさほど離れていないので、不使用の理由が距離であるとはいえない。これらの世帯の聞き取りでは、利用しない理由は利用者組合に加入していないからということであった。これらの世帯は元ザミンダールの家系である有力な親族集団に属しており、利用者組合から排除される社会的理由は考えられない。そうなると、これらの世帯が利用者組合に加入しなかったのは、自らの意思で加入しないことを選んだといえる。ある人の意見では、この集団に属する多くの世帯が利用者組合に加入しないのは、この集団の男性が世帯内の女性を1号井戸のある場所に行かせたくないからだということだ。この井戸は別の有力な親族集団の居住区内にあり、そのような場所へ女性を水汲みに出すことに抵抗感を持っているのかもしれない。このことは集団間の社会的境界を暗示していると同時に、女性の行動に関する文化的障壁も示している。

二つのグラベル・サンド・フィルター

二〇〇三年九月にマルア村で調査を行った時点で村内にあった共同利用型代替水源は改良型掘り抜き井戸二基、深井戸二本、砒素除去用ろ過槽つき浅管井戸（「グラベル・サンド・フィルター」）二基の計六ヵ所だった。しかし、この六ヵ所の代替水源がすべて稼動していたわけではなく、調査期間中を通して稼動していたのは、深井戸二本、掘り抜き井戸一基の三ヵ所で、そのほかの代替水源は、さまざまな理由で部分的に使用できない期間があった。村内の代替水源の中で最も利用者の多かった改良型掘り抜き井戸1号は水質の悪化から改修を余儀なくされ、我々の調査期間中はほとんど稼動できない状態であった。そのあおりを受けたグラベル・サンド・フィルター二基は利用者・利用量が大きく増え、そのためフィルター内で目詰まりを起こし稼動できなくなる事態となった。

グラベル・サンド・フィルターが目詰まりを起こして稼動できなくなったときの利用者の対応は、共同利用代替水源の運営に関して、示唆に富む事例を提供している。

グラベル・サンド・フィルター1号は宮崎大学工学部がグラベル・サンド・フィルターの砒素除去能力を実験するため建設し、汚泥処理などの実験は継続的に行われているものの、性能実験終了後一般に供用している。実験施設として建設されたため利用者負担金は徴収し

写真28　宮崎大学工学部によるグラベル・サンド・フィルターの実験風景

ておらず、利用者組合も組織されていない。利用者組合がないため、どの世帯でも利用することができ、他の利用者組合のある代替水源のように、加入していない世帯が水汲みに行って拒否されるということはなく、広く利用されている。

その反面、一般的な管理はアジア砒素ネットワーク・ジョソール事務所が最低限行っているものの、日常的な管理については責任の所在が明確でない。この施設の土地を提供している世帯が、管理者のような役割になっているが、正式なものではなく、その管理者としてのあいまいな性格から問題も起こっている。例えば、蛇口から水を汲む際はろ過槽内の水を確保するため、手押しポンプを押し、付属の管井戸からろ過槽へ水を汲み入れることになっている。この規定が守られない時、土地所有者の家族が水を汲んでいる人に注意すると、注意する正式な立場にないため素直に聞いてもらえないこともあるようだ。また、水を汲む人の側からもいろいろと言い分があり、そのような問題の拗れから、今後この水源では水を汲まないと言っている世帯もある。

また、今回のように目詰まりが起きた時、誰が問題を解決する責任があるか明確でないため、アジア砒素ネットワークが対処するまで問題が放置されてしまう。土地の提供者には当然そのような責任はなく、利用者が共同して管理に当たるべきである。しかし、誰でも使うことのできる水源であるため利用者自身も利用者全体を集団として認識できず、特定する方法がない。つまり、利用者は水源を利用することによる利益だけは受け取るが、施設の持続的利用には貢献しないという事態が起こっている。アジア砒素ネットワークが消極的でも管理活動を継続すれば、住民の依存体質を形成することにもなり、実際そのような直接的管理を数多くの村でやることはできないため、利用者自らが維持管理する方式をとることが重要となる。

一方、グラベル・サンド・フィルター2号も実証実験施設であるが、実用を一層前提とした設計であるので、建設時にろ過槽の給水能力から二五世帯を限定して利用者を募り、住民負担金を徴収して利用者組合を組織した。利用者組合加入者一般に自分の飲む水だから自分で管理するという明確な意識があり、砒素濃度の測定、ろ過槽の掃除を定期的に行っている。掘り抜き井戸1号が使えなくなったためこの水源の利用者が増えたとき、緊急事態なので加入者以外が水を汲むことをこの利用者組合は容認していたが、加入していない世帯が水を汲むことにはっきりとした抵抗感を持っていた。

写真29　「ヤング」メンバーのアジズさん（右）とフォリッドさん

近年、援助分野で途上国の「オーナーシップ」（所有意識）の形成が持続性の観点から重要視されている。組合加入者が非加入世帯の使用を問題視していることはこの所有意識が醸成されていることを示している。そして、所有意識が活発な管理活動につながっていることは疑いない。

この利用者組合の活動が活発な

写真30　犠牲祭の盛装をした「ヤング」たち。右からラナ，モンスール，フォリッド，アノアールの各氏。

ことの隠れた背景には、加入世帯の中にマルア砒素対策青年委員会、「ヤング」のメンバーがいることも要因のひとつだ。このマルア・ヤングは五人で構成され、二〇〇二年以来アジア砒素ネットワーク関連の調査に一貫して協力してくれた。彼らは日本人との活動を通して砒素問題を実感した。また、アジア砒素ネットワークが提供した砒素に関する研修も受け、砒素問題に関する理解を深めた。そのような知識を裏づけとして、代替水源の管理にも主体的に取り組んでいるといえる。

利用者組合の功罪

この二つの事例は、代替水源の継続的利

用を行っていくためには、明確な利用者主体を形成する必要があることを示している。それにより、利用者に「自分の」水源という意識が生まれ、自発的、継続的な管理につながると考えられる。

この方式の潜在的な問題点は、当然のことであるが利用者が制限されることにある。これは、広く安全な水を供給する見地から見ると問題であるが、各水源の供給能力が限られることもあり、所有意識とのトレードオフを考えると、利用者が限定されるのは致し方ないであろう。深井戸のように管理をあまり必要とせず、水量も限定されない水源の場合は、利用者の限定を緩和することも考えられるかもしれない。

もうひとつの問題点は、利用者組合を組織することによって社会的弱者を除外してしまう可能性についてである。これは社会的公正の観点から大変重要な点である。利用者組合を組織する際、負担金が払えない世帯、成人男性のいない世帯などが除外される危険性がある。例えば、現在の利用者組合の加入者は「世帯」ではなく個人の成人男性である。そのため、夫と離別・死別した寡婦の世帯など世帯内に成人男性がいない場合、希望しても利用者組合に加入できないことも考えられる。しかし、外部の者が資金を提供していることを背景にして、誰が利用者組合に入るべきかを指示することは、自立的活動を喚起するうえで好ましいことではない。集団の成員権をどう扱うかは現地の習慣に深く根ざしているため、外部者が問題を提示するとしても、住民主体で解決策を話し合う必要がある。

このような場合、親族集団を核とした利用者主体が管理・運営を行っていく可能性も探る必要がある。大規模な集団はそれが全体として水源施設の共同運営の主体となるのは難しいが、小規模の親族集団には集団的まとまりがあり運営組織の主体となる可能性がある。小さな親族集団が形成する居住地区内では、女性の行動は比較的自由であるので、パルダに伴う水汲みの問題もあまり発生しないであろう。

逆に利用者の分布が結束の強い親族集団の境界を超えると、その境界が社会的障壁となる可能性は否定できない。聞き取りでは、親族集団が社会的障壁になることについて、人によって意見が分かれた。多数意見としては親族集団が違っているからといって水汲みを拒否することはないということだったが、代替水源の場所が別の集団の居住区にあるので行きにくいという意見もあった。

つまり、代替水源施設の持続的な運営にはその水源を自分のものとして意識する利用者の集団が必要なようだ。アジア砒素ネットワークが実際に行った対策活動ではそれぞれの水源施設は住民によって予め組織され負担金を納めた利用者組合の申請に基づいて建設された。

その利用者組合の運営状況はさまざまである。うまくいっているところもあれば、組合内がギクシャクしているところもある。次の章では、実際の対策活動の中でうまくいく組合とそうでない組合はどこが違うのか見てみることにしよう。

環境人類学

環境人類学は「発展途上」分野であり確定的な定義はまだない。一九七〇〜一九八〇年代以降、地球環境問題の深刻化にあわせて環境経済学、環境倫理学、環境社会学等多くの「環境」を冠した分野が生まれた。これに対し人類学では「環境人類学」の名称は次第に使われるようになってきてはいるものの、明確な形での分野形成は途上にある。

しかし、これは人類学内においての環境関連の研究が他分野に比べ低調だという意味ではない。それどころか、人類学による環境研究は非常に古い歴史を持ち、内容も多岐に渡る。そのため、環境問題が顕在化する前には環境に関する研究分野を持たなかった領域に比べ、人類学では環境関連の研究をひとつのラベルの下にまとめるのに手間取っているのである。その中で共有されている問題意識は、従来の人類学による環境研究は人類学の伝統的な対象である小さな閉じた社会を想定した分析的枠組みであるので、現在の世界状況と不整合を起こしつつあるということである。環境人類学は広く捉えれば環境と文化（人間）の相互関係を理解するための分野である。特に、従来の環境関連の人類学諸分野と比べると、環境人類学はグローバル化や開発という現代的な現象と環境変化、人間活動への影響という広域化かつ多面化する問題を捉える新しい枠組みとして形成されつつあるといえる。

第四章　実践活動からわかること

1　シャシャ郡の砒素汚染対策事業

オーガノグラム

ジョソール市にあるアジア砒素ネットワークの事務所で、ベンガル人スタッフの一人が真剣な表情でちょっと話がしたいと言ってきた。彼の机に行くとおもむろに一枚の紙を取り出しこれを見てほしいという。そこにはジョソール事務所内の組織図が書かれていた。彼がしきりに言うには現在の組織は命令系統がはっきりしていないところが多く、また学歴が十分でない人が管理的な地位にいることなど、組織内で混乱をきたしているという。それで組織内の関係をはっきりさせるため組織図を書いてみたので、見てほしいということだった。

この「オーガノグラム」はバングラデシュのアジア砒素ネットワーク内でことあるごとに登場する。実は私も含めて日本人スタッフはオーガノグラムが苦手だ。誰が誰に指示する関係にあるかをはっきりさせるのはもちろん日本の組織でも重要なことだろうが、アジア砒素ネットワークのようなNGO内では活動に参加する人はみな対等の立場という意識でやってきた。そのためベンガル人スタッフも「仲間」という意識が強く、取り立てて上下関係をはっきりさせるのは気が進まないし、それがあるべき姿だとは感じられない。

しかし、だんだん判ってきたことは、われわれ日本人関係者が対等な立場でないと活動しにくいと感じるように、あるいはもっとそれ以上に、自分と他の人の関係がはっきりしないとベンガル人スタッフは組織内では仕事がし難いらしいということだ。そしてその序列は明確な基準に基づいていなくてはならない。その最も重要な基準は学歴だ。学歴はほかの何を以ても代えがたいほど重要で、能力、経験、年齢、経済力なども序列に影響はするが、これらの要素があっても学歴の低い人が高い人より上の地位につくことは、ベンガル人にとってはありえないことらしい。

バングラデシュの農村開発に長年携わっていたアメリカ人の人類学者C・マローニィはこのことについて、ベンガル人は大変な労力を傾け自分の相対的位置を明確にし、非常に些細な違いでも注意を向け、一旦決まればそれに従って行動すると記述している。確かに、日本人でも相手と自分の相対的位置が決まらなければ言葉遣いひとつにも困る。日本では年齢による序列が強いため、初対面では相手の年齢に注意が向き、何とか直接聞かないで相手の年齢がわからないか工夫したことのある経験を持つ人は多いのではないかと思う。ただ日本人の場合は暗黙の序列はともかくとして表面上はそういう違いをあまり明確にすることなく付き合っている。それに比べるとベンガル人は序列をゆるぎなく明確にしようと努力しているように見えるほどベンガル人の序列へのこだわりは相当なものがある。

シャムタ村で調査を始めたころ、調査チーム内でも、現地の調査を手伝ってくれる人たちとも対等だという意識を持っていたし、そのように行動もしていた。今になって考えてみるとシャムタ村の調査がなかなかスムーズに行かなかったのも、ひとつにはこの「フラット型」の調査運営が災いしていたような気がする。マルア村に調査に入ってからはある程度このことに気づいたので、調査チーム内の上下関係を演出するようにしたところ、地元の人との意思疎通がかなりうまくいくようになったと感じた。これにはもちろんバングラデシュ一般に慣れてきたこと、片言ながら現地の言葉が話せるようになったことなど、様々な理由があるが、我々が現地の組織原理を理解してそれを利用したことは重要だったように思う。

代替水源を持続的に維持管理していく運営方法でも援助する側の日本人が「常識」的と考える方法を取るよりも、現地のやり方を使いまわす方がうまくいくのかもしれない。アジア砒素ネットワークはジョソール県のシャシャ郡という地域で体系的な砒素対策を始めた。そのプロジェクトで建設された代替水源施設のいくつかの利用者組合は在地のやり方、組織を使うことでうまく運営されていた。この章はアジア砒素ネットワークが対策事業の一環として建設した代替水源の利用者組合運営を巡る話題である。

始まった本格的対策

体系的な砒素汚染対策を進めるため、バングラデシュ政府は世界銀行の援助を得て「バングラデシュ砒素対策水供給プロジェクト」を一九九八年に発足させた。このプロジェクトの仕事は大きく分けて二つあり、ひとつは汚染および健康被害の実態を調査すること、もうひとつは、被害を軽減するために患者への医療支援を行い、汚染地に安全な水を供給することである。

バングラデシュでは役所のかかわる仕事は総じて進みが遅い。私も政府が発行している詳細な地図を買おうとジョソール県庁に行ったとき、該当すると思われる部署に行き、その場所で受付を待ち、そこではないと言われ次の部署に行き、ということを繰り返すうち、昼休みですべての窓口が閉まってしまい、昼食を食べてから出直し、最終的に目当ての地図を注文できた頃には夕方になっていたことがあった。またアジア砒素ネットワークが現地のNGO登録を済ませるのに数ヵ月を要した。

このプロジェクトもご多聞に漏れず政府内の手続きが終わるまでに長い時間がかかり、例えば各地で井戸砒素濃度調査や患者確認調査を行うためのフィールドワーカーをトレーニングするNGOを選定するだけで、政治家の圧力などで六ヵ月を要した。この世銀プロジェクトは当初二〇〇三年六月に終了する予定だったが、実施予定は大幅に遅れ、業を煮やした世界銀行が補助金打ち切りを宣言する事態が起きた。

砒素濃度の調査は「郡」を単位として行われ、このプロジェクトが世界銀行の予算負担で直接調査した一九〇郡とあわせてユニセフ、オランダ政府の国際協力組織などの国際機関、外国組織が八〇郡を担当した。

この中で、アジア砒素ネットワークは二〇〇二年の初めから国際協力機構の委託事業としてジョソール県のシャシャ郡を担当し、本格的な砒素対策実践活動に入った。シャシャ郡は一一の行政村を含む人口約三〇万人、面積三三六平方キロの地域で、シャムタ村もここに含まれている。このプロジェクトでは三万本以上の全管井戸の水質検査と患者確認調査を元に、緊急な対策を必要とする地域では、住民にその地域での汚染の深刻性と砒素の危険について知らせるための啓発活動、安全な水を供給するための代替水源建設を行っている（図14）。

ひとつの水源施設建設の手順はおよそ次の通りだ。

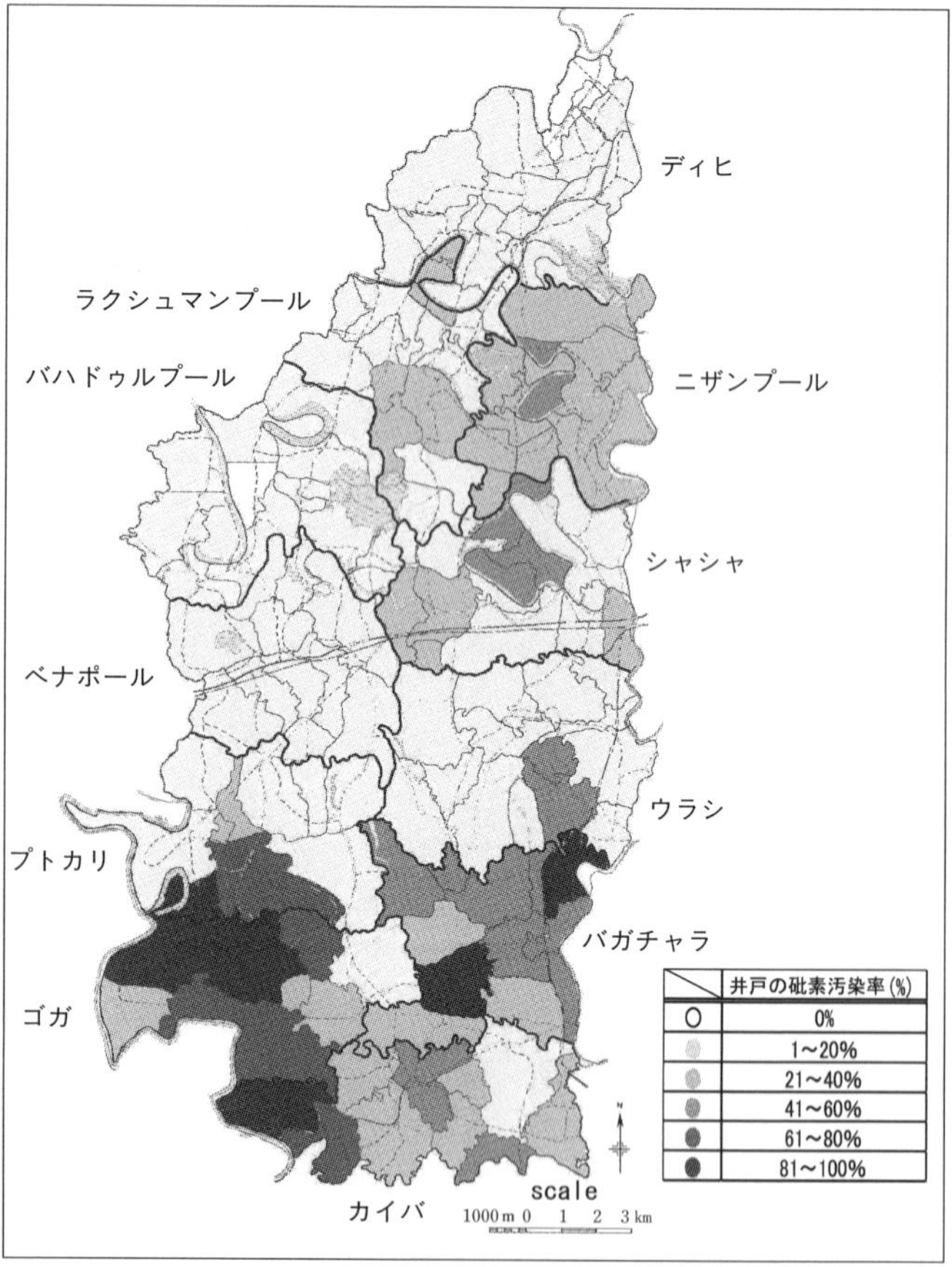

図14　シャシャ郡における基準値（0.05mg/ℓ）を超える砒素濃度の井戸の割合。集計の単位は行政村内の行政区（ワード）。太線でかこまれ名前が表示してあるのが各行政村（ユニオン）。汚染率が8割を超えるワードから優先的に対策事業を始めた（アジア砒素ネットワーク原図を一部改変）。

写真31　移動砒素センターに集まった鈴なりの人たち。砒素の怖さを替え歌や寸劇にして伝える。

① 水質検査の結果から管井戸の砒素濃度をワードと呼ばれる行政区ごとに集計する。この行政区は行政村評議会選挙のとき、選挙区となる単位で、ひとつの行政村ごとに九行政区ある。ひとつの行政区はひとつの「村」と重なる場合もあるし、そうでない場合もある。

② アジア砒素ネットワークは砒素濃度の高い井戸が集中しているワードの砒素対策委員会にその情報を知らせ、代替水源建設のための申請書をまとめ、提出するように勧める。同時に、「移動砒素センター」という催しを砒素汚染の特にひどい場所を選んで開催し、砒素の恐ろしさ、被害防止対策、安全な水源などにつ

いて一般住民の注意を喚起する。

③　ワード砒素対策委員会は「パラ」と呼ばれるひとまとまりの居住地区を単位として代替水源建設場所を決める。そしてその地区の住民から利用者組合を組織して申請書を提出する。利用者組合には組合長、書記、会計の役員と加入者を明記する。

④　利用者組合が銀行口座を開き、住民負担金として建設資金の一〇パーセントを預金したら、アジア砒素ネットワークは工事をはじめる。完成後の水質検査を経て、維持管理のための研修会を開き利用者組合にその施設を引き渡す。

このような手続きを経て二〇〇四年末のプロジェクト終了までにシャシャ郡内の六三ヵ所で代替水源の建設を行った。

住民負担金と参加

この手続きのなかで一番大変なのが住民負担金を集めることだ。住民負担金はバングラデシュ政府の方針でもあるが、水源の持続的な利用のために住民側の所有意識を作るうえでも重要な要素だ。アジア砒素ネットワークは直接負担金の徴収は行わない。これも、住民側が主体的に事業に参加することを促進するための方針であるが、負担金が集まらないと工事が始められない。利用者組合の役員が直接徴収に当たるのだが、組合加入者一人一人負担を呼びかけて回るのに大変な手間がかかるため、なかなか集金が進まない場合もある。

しかし、申請の出ているところは汚染の深刻な場所で一刻も早く安全な水源を必要としている。また、水源の工事を雨季に行うことはほぼ不可能で、建設資金の支出も年度の制限がある。そのため折衷案として、負担金の半額程度が集まった時点で、状況が許す限り工事を始め、残りの負担金は施設の引渡しまでに集めてもらうこともある。

私は事業の進行状況を評価するため二〇〇三年の暮れにシャシャ郡を訪れた。特に対策事業への住民参加はどの程度進んでいるか調査した。「住民参加」は多用な解釈が可能であるが、ここでは代替水源の持続的な維持・利用が可能になるような地元住民の自律的な活動という意味で捉えた。ただ、その調査時点までに建設された代替水源は供用後日も浅く、維持管理活動を評価できる段階には至っていなかった。そのため、ここでは住民負担金の集まり具合に注目して調査を進めた。

この調査の過程で日本人が想定する「参加」とベンガル人の習慣の違いが明らかになった。砒素対策に実効性を持たせるためには、住民がその活動に活発に「参加」することが望ましい。では何を以て住民は水源対策事業に参加したといえるのか。私も含めてアジア砒素

写真32　掘り抜き井戸の工事。井形のリングを掘った穴の中に設置しているところ（撮影：末永和幸氏）。

ネットワークの日本人スタッフは、高い参加度のひとつの指標としてすべての加入者ができるだけ均等に負担金を供出することを考えていた。改良型掘り抜き井戸の建設費は四万五千タカ（一タカは約一・七円）であるので、住民負担金はその一割の四千五百タカとなる。掘り抜き井戸の場合、砂ろ過槽の能力を考慮して、利用者組合加入世帯は四〇と規定されている。つまり、この水源を四〇世帯で使うとすると、理想形としては各世帯が一〇〇タカ余り出していることが最も「参加度」が高いと考えていたのである。

ところが実際のお金の集まり方はまちまちで、多くの世帯が同じくらいの額を払っている組合もあるが、数少ない世帯が多くの負担金を出している組合もあった。私が初めてこの状況を把握したとき、これは改善の必要があると感じた。一部の人が大半の負担金を出すというのはまやかしの参加ではないのか。数世帯の金持ちだけが負担金を出したのでは、利用者全体としての所有意識を高めることはできない。もしかすると金持ちが自分の経済力、政治力を誇示するために、よく事情を理解していない人たちのサインだけ集めて、代替水源を作ろうとしているのかもしれないとも考えられる。

この状況を具体的に把握するため、利用者組合と直接交渉に当たっているアジア砒素ネットワークのベンガル人スタッフおよび利用者組合の役員に聞き取りした。それによると、確かに、多くの世帯が概ね均等に負担金を出している組合では、より主体的な参加が進んでいるとはいえる。しかし、逆に多数の世帯が出資金を出していないからといって、その利用者組合の活動が活発でないとは必ずしもいえない面があることが明らかになってきた。

共同体の相互扶助

バングラデシュの農村世帯では、現金収入は定期的になく収穫期に集中している場合が多い。そのため、日常的にはそれほど現金を使わずに生活している。村のなかにある日用雑貨

写真33　村のなかにあるユーヌスさんの掛売りの小店。雑貨だけでなく，お茶も売っている。

を扱う小店での売買は基本的に掛売りで、支払いは収穫の後収入のある時期にまとめて行う。農村部では確固とした共同体が存続しており、その中で暮らす人たちはお互いにどこの誰かは明確に把握しているので、掛売りの回収が問題になることはない。葬式や急な入院など臨時に出費が必要になった際は、事情を知っている誰かが村内を回ってお金や米を集めて回ることや、一時的にお金を借りて後で返す私的な「ローン」などが相互扶助制度として日常的に行われている。このように村の中では誰も絶対的貧困には陥らない制度的保証がある。

また、モスクの建設など多額な資金を必要とする事業を行うときにも相互扶助メカニズムが作動する。モスクはどの村にもあり大多数を占

写真34　グラミン銀行マルア支店。グラミン銀行は女性を対象に小規模なローンを貸し出す。女性はグループを作り連帯責任を「担保」としてお金を借りる。週に一度の集金を兼ねた会議が行われているところ。

めるイスラム教徒にとっては共通の重要な場所である。そのため、イスラム教徒の住民は誰でもその建設あるいは修理に協力しないということはあり得ない。問題はどのくらい協力できるかだ。そのような共同事業が企画された時にモスク運営委員会がそれぞれの世帯の経済力を考慮しながら誰がいくら拠出するか決める。モスク運営委員会はマタボール（一〇八頁参照）のような形で有力者から選ばれ、村の中のことであるから、それぞれの世帯の経済状態もよく分かっている。それで、各世帯に無理にならないように割り当てを決め、収穫期を待って徴収する。この時の拠出は現金のこともあるが、セメントなどの材料、米、労働など様々であるという。

村人にとって代替水源建設もひとつの共同事業である。したがって、このような日常的な活動が利用者組合の負担金出資のフォークモデルとなっているようだ。

負担金制度は利用者が現金で負担金を納めることを想定している。農村の世帯では一般に多くの現金を日常的に持っていることはない。また、農業労働など日雇いで生計を立てている世帯では五〇～六〇タカの日給で日々の暮らしを切り盛りするのに精一杯であり、そこから一〇〇タカ余りの負担金を出すのはたとえ分割しても容易なことではない。結局農村で、ある程度まとまった現金をもっている人は少ない。そのため、代替水源建設のための負担金徴収は収穫期にあわせた集金計画ではないので、短期間に負担金を集め、雨季に入る前に工事を始めるということは難しい場合もある。そうなると、そのほかの相互扶助的共同事業のように持っている人が取り敢えず払っておくということがもっとも手っ取り早い。

何人かの大口負担金支払い者について聞いてみると、この支払いは負担金の場合もあるし、寄付、ローンの場合もあった。ローンの場合、利用者組合に「貸して」おくということになる。利用者組合に加入していながら、負担金を出していない人は、それぞれの事情が許す範囲と時期に少しずつ借りを返済していくことができる。そして、貸し手には、必ずしも全額を回収する意図のない場合もあり、回収できる分は回収するが、回収できない分は仕方がない、という程度である。つまり、これらのローンや寄付のやり方は、世帯間の経済状況の違いを緩衝し、共同の目的（この場合代替水源設置）を遅滞なく進めるための土着の適応的な制度であるといえる。

ベンガル人は個人主義的、実用主義的といわれることがある。しかし、このようなお金を負担したい人は結構いるのである。例えば、マルア村で改良型掘り抜き井戸の2号を建設したとき、負担金の半分どころか八割以上を一人の人が負担していた。このとき私は現場にいなかったが、後で聞いてあまり望ましいことではないし、そのお金を出した人の売名行為に近いのではないかとも感じた。しかし、この人は父親を亡くした若い女性の親代わりとなり結婚の世話をすることや、「困った時に頼る人は誰か」という質問の答えに頻繁に名前が登場するほど多くの貧しい人に援助をしていて、この負担金支払いもそのような行動の一環であった。

この行動の動機はイスラム教の信仰から来ていると想像できる。イスラム教では財産に余裕のある人はその一部を喜捨として寄付したり、貧しい人に与えたりすることが義務であると考えられている。そうすることで、喜捨を行った人は「浄化」されると信じられている。また、社会的にもそのような行動をとる人は尊敬され、その人の人望はあがる。こうして、お金を出した人は社会的に報いられ、お金のない人は物質的な援助を得るという相互扶助のサイクルが回っている。

代替水源建設の例に戻ると、拠出額の多少は参加の強さには関係なく、そのときの経済力や世帯の状態を表しているといえる。それを「平等の理想」のもとに全員の対等な参加を目指すということは現地の実情に合わず、もし無理やりそうしたからといって参加の度合いが上がるということは幻想で、日本人の価値観を漫然とバングラデシュの社会に当てはめようとしていたということだ。現地の習慣・価値観を尊重しつつ活動をするということは、我々の調査でもアジア砒素ネットワークの対策活動でもいまさら言うまでもなく了解事項であるが、自分の育った文化からの影響は相当に強く、そこで「常識」とされていることから離れて考えることは想像以上に難しい。そうであればこそ、一層意識的に自分のものとは違う習慣や価値観を理解しようと努める必要がある。そして、多くの場合、現地で馴染んだやり方のほうが物事はうまくいく。

2　利用者組合の運営

社会関係のフォークモデル

代替水源の利用者組合一つ一つの状況を関係者から聞き取りしていった。それによると、まとまりがよく、円滑に運営されているところもあれば、全体として活動が低調としか言いようのないものもあった。その理由は様々だが、うまくいっている組合ではその利用者組合が結成される前から何か既存の組織があり、それをモデルとして利用者組合の運営も行われているというところが多かった。この既存の組織にあたるものは、必ずしも正式な組合とか団体である必要はなく、複数の世帯がまとまりを持って何かを行う共同事業・共同作業の経験があれば、そのような活動を下敷きにして、利用者組合の活動も行われやすいようである。逆に、共同で何かを行うという「フォークモデル」がなく、核になる組織がない場所では、利用者組合の活動も低調なところがみられた。以下では様々な種類の既存の組織を援用して利用者組合が運営されている例を見てみよう。

① 協同組合

バガチャラ・ユニオン（図14参照）のカサリ地区には魚を養殖するための大規模な池があり、およそ一〇〇世帯くらいが養魚組合を組織している。利用者組合に加わっている四〇世帯はすべてこの養魚組合にも加入しており、二つの組合の役員も一部重複している。ここでは、新しく建設した掘り抜き井戸の水の砒素濃度が高く、砒素除去型ろ過施設を建設せざるを得なくなった。このような問題が起きると、利用者組合の運営にも支障が出ることもあるが、養魚組合の安定した運営を反映してか、この利用者組合の活動に特段の問題は生じていない。また、利用者組合加入者世帯は魚の養殖からも配当を得ており、経済的に困窮している世帯はなく、おおむね均質な世帯構成になっていることも、利用者組合が円滑に運営されている要因と言える。

② 親族集団

ゴガ・ユニオンのモッラ地区では組合結成当初なかなか出資金が集まらず、井戸の着工に少し時間がかかった。しかし、井戸が完成した後、負担金の残りは問題なく集めることができた。説明にあたったスタッフの意見によると、はじめに時間がかかった理由は、この集落の住民のほとんどは農民で、教育のある人がいないため、代替水源やアジア砒素ネットワー

写真35　商業用の養魚池。池の中の魚を捕まえているところ。

クのやり方について理解してもらうのに時間が必要だったからだということだ。一旦、納得した後はほぼ何も問題なく組合が機能した。住民に聞くと、この地区の住民のほとんどはひとつの親族集団に属しており、現在指導的世代に当たる数人の兄弟を中心に結束しているということである。それがこの利用者組合がうまく機能している理由として考えられる。二回目の負担金出資の際は、この兄弟が共同で所有する池で飼っている魚を売ってその出資金の一部とした。この池は名義上兄弟の所有となっているが、事実上この親族集団共有の池であるらしく、聞き取りの際も、「池は地区のもの」という発言も聞かれた。したがって、この集落では親族集団がフォークモデルとしての役割を果たし、利用者組合はその地区組織の一部として運営されている。

③　宗教組織

バガチャラ・ユニオンのアルハディィス地区ではモスクと宗教学校の運営委員会が核となって利用者組合が運営されている。この集落内にはシーア派のイスラム教徒が多く、そのこともこの集落がまとまりを持つことに関係しているのではないかとアジア砒素ネットワークのスタッフは感じていた。この地区では砒素濃度が低く安全基準以下であることを示す緑に塗られた管井戸もあるが、あえて代替水源の申請を行った。住民によると、今は「緑」かもしれないが、そのような井戸も砒素濃度が将来上がることもあり、安定した水源を持ちたいとのことだった。ここでは掘り抜き井戸ではなく、モスクが池を提供してポンド・サンド・フィルターが作られることになっている。一つ一つのモスク運営委員会についての比較検討は行っていないので、利用者組合運営におけるモスク委員会の機能について一般化はできないが、この集落では中心的な役割を果たしている。

以上の三つの事例は学校、モスク、親族集団、同業者組合などは共同事業のための組織モデルを提示することで、代替水源の利用者組合の運営にもプラスの要因となっていることを示している。それ以外でも、これらの組織はその共同体のまとまりを上げる効果もある。逆に言うと、これらの既存組織によって共同体にまとまりがあるため、代替水源の利用者組合の運営もうまくいっているともいえる。

しかし、これといった目立つ組織がなくても利用者組合の運営がうまくいっているところも勿論ある。このような場所は「まとまり」がいいとしか言いようがない。ゴガ・ユニオンのカリアニ中央地区もそのような集落だ。ここの利用者組合は規定額よりも多くの負担金を集め、その余剰金を利用し水汲みのための道を整備するなどの活発な活動を行っている。この集落では以前から協同組合などを組織し、ある問題に対し自主的に解決にあたるという伝統を持っているということである。

写真36　「緑」の井戸を使う女性。井戸の吐水口が緑に塗られている。

バガチャラ・ユニオンのモヒシャクラ地区の利用者組合もこれまでのところ円滑に活動して

いる。この集落のほとんどの住民は農民で教育のない人も多く核になる在来の組織もない。それでもこの集落のまとまりがいいのは、この集落が他のどの集落からも離れたところにあり、人の出入りがあまりなく、ずっとこの村に住んでいる人が多いことと、経済階層をみても特に金持ちもおらずひどい貧困もなく、均質であるということから来るようである。インドにおける共同森林経営や自然資源の地域住民による管理・経営の分析によると、一般的に言って、経済階層や社会集団などの同質性が高いと、共同事業への住民の参加度合いは上がるといわれている。

一方、既存の社会組織、社会集団が利用者組合の活動の妨げとなることもある。このような問題で最も顕著なものは政治的党派に関係する問題である。バングラデシュには数多くの政党があるが、そのなかでも政権を争う主要な政党はアワミ連盟とバングラデシュ国民主義者党の二つだ。いくつかの地区ではこの二つの政党の支持者間で争いごとがあり、そのことで、代替水源建設活動が深刻な影響を受けた。

また、別の地区では以前から対立していた二つの親族集団が利用者組合内でも何かにつけて争いを起こし組合の運営に支障をきたした。一人一人は個人的には問題ないが、二つの親族集団が一緒になると争いが始まる。結局、この組合では対立する親族集団のひとつに属する世帯が組合から離脱したことで、利用者組合内の問題は解決した。

異なる政党の支持者も親族集団もどこにでもあり、ほとんどの利用者組合は問題なく運営されている。たまたま二つの集団の勢力が拮抗し、対抗できる状態になっているときに問題が起こりやすいということは言えるかもしれない。宗教を異にするヒンズーとムスリムは大きなレベルでは社会問題の原因になることが多いが、シャシャ・プロジェクトの代替水源の利用者組合では両者間の目立った争いは起きていない。

キーパーソン

前の章でマルア村のグラベル・サンド・フィルター2号の利用者組合が順調に機能している原因のひとつとして、砒素についての知識があって主体的に活動する砒素対策青年委員会「ヤング」のメンバーが組合に加入していることをあげた。このことは一般的にも言えるようで、シャシャ郡の利用者組合を眺めても、その活動を左右するひとつの要因はその活動の中心人物、キーパーソンである。

シャシャ郡の利用者組合でも優れた中心人物がいるかどうか、その中心人物が十分に活動しているかどうかが、利用者組合活動のひとつの鍵となっている。加入世帯の意識が高くてもそれを引っ張る中心人物がいなければ、なかなか活動は起こりにくく、逆に一般的な参加度が低くても、優れたリーダーがいれば次第に活動を活発にすることができるといえる。

そのような例として、バガチャラ・ユニオンのテングラ・北バザール地区の利用者組合事務長のアンワール・フセイン氏がいる。彼は学校の教師であり、アジア砒素ネットワークが全井戸調査を行ったときにフィールドワーカーも務めた。このため、彼は砒素問題を理解し、熱意を持って世帯を回り代替水源について説明したため、金額に多少はあってもほぼ全員が負担金を出資した。彼と組合役員の努力のおかげで、この組合は活発に活動している。

ゴガ・ユニオンの西地区ではこの行政区選出のユニオン議員、オショック・クマール氏が選挙の時、砒素問題の解決をひとつの公約として掲げ、対策活動にも熱心に取り組んでいる。オショック氏はこの行政区内に組織された三つの利用者組合それぞれに五〇〇タカずつの寄付をした。行政区砒素委員会の委員長としても、利用者組合を後押ししている。氏の活動に呼応するように、これらの利用者組合には活発に活動する役員も多い。

効果的なキーパーソンであるためには、その人が能力的に優れた人であるだけでなく、活発な活動をする時間的余裕も必要だ。例えば、利用者組合の役員が商売を営んでいる人であると、店に拘束されてなかなか活動する時間が取れないため、負担金回収、組合会議等の活動が少なくなる傾向にある。

学校の教員は尊敬を集めており、多くの利用者組合で役員を務めている。砒素汚染に関する問題意識も高く一般的に適任であるが、勤務地が居住地から離れていると、利用者組合の日常活動に滞りが出ることがある。ウラシ・ユニオンの東カトゥリア地区の利用者組合の組合長、事務長は政府系小学校の教員である。しかし、勤務地の学校は村外にあり、集落内での日常的な活動に限界があるようで、負担金の集金も進んでいない。

また、ゴガ・ユニオンの北パンチブロット地区では、工事のことでしばらくもめた経緯があり、負担金の集金が遅れている。しかし、ここの掘り抜き井戸は水量もあり、砒素もほとんど出ていないのに、なぜこれほどもめたのか詳しい事情を調査するため、組合役員の聞き取りに出かけた。この利用者組合の組合長はゴガ・ハイスクールの教員で教育もあり、集落内住民の信望も厚いとのことである。

この組合長宅を訪ね負担金が集まっていないことについて尋ねたところ、負担金が集まっていないのは、組合長が学校の仕事で忙しく、その間の利用者組合の活動については他の役員に頼んであったが、それがうまくいっていないためだということだ。代替水源について話をした際には、代替水源が砒素のない水を供給するものということは理解していても、改良型掘り抜き井戸がどのようなものか具体的なイメージができていなかった。持参した砒素汚染地図などによって現状を説明したところ高い関心を示してくれた。全体の印象としては、この組合長は能力的に優れた人物ではあるが、これまで砒素問題に関して十分な情報を得ておらず、そのため対策の緊急性、必要性の認識が希薄であったため、利用者組合の活動がなおざりになっていたということだ。

貴重な現場経験

このシャシャ郡砒素対策事業ではアジア砒素ネットワークが初期的な啓発から、水質検査、住民組織の立ち上げ、代替水源施設の建設、維持管理まで、その全般に直接かかわってきた。そのため事業によって達成された成果の質は高く、国際協力機構からも高い評価を得ている。しかし、事業終了後アジア砒素ネットワークの関与なしに、同様の活動が継続するかについては疑問が呈されている。この事業には多くのベンガル人スタッフが関与しているものの、運営は主にアジア砒素ネットワークの日本人スタッフが行っていた。従って、現地で活動をするNGOにその対策活動手法は伝えられておらず、地元NGOが同様な活動を展開できるような能力が養成できていない。

しかし、青年海外協力隊派遣以外では唯一、日本からの人員が協力現場で長期間実際の活動を行うというこの援助の枠組みの利点は強調されなければならない。なぜなら、大型の産業振興を目指した「近代化理論」型援助がかえって貧富の拡大という結果を招いて破綻して以来、より効果のある援助を目指して援助を必要としている貧困層など特定の人々を個別にターゲットとするベーシック・ヒューマン・ニーズ援助などの方式が試された。近年は住民の主体性を強調した「参加型」開発が脚光を浴びている。これらの模索の背景には、援助実施国からの単純な施設建設、資材供与、技術移転では援助受入国で効果をあげることはできないという反省がある。

同様の反省のもと「社会的固有要因」の理解が叫ばれているが、これは文化的違いの理解を基盤にした判断、活動が求められているということである。この章で紹介したようなベンガル人の価値観、習慣は極めて個人的な経験としてそのような場を経験する以外に習得する方法はなく、その意味で、日本からの人員が継続的に援助現場に関与しつつ技術協力を行うという枠組みの重要性は高い。有名な例では「緑の革命」が各所で様々な問題に直面しているが、その大きな原因は文化的な差異にあるといわれている。つまり、農業技術を取ってみても、どこでも同じように適用できる「普遍的」なものはありえない。その技術が住民の福利厚生に役立つには、その地の文化社会的な特徴に合わせてどのように技術を使うかということが成否の鍵を握っている。

「現地の文化をよりよく理解する必要がある」という提言は一般的総論で強い異論は出ないであろう。しかし、このことはある社会に対して外部から援助をし、何かを解決するということが既に前提となった上でのことである。そのような外部からの援助行為は果たして必要なのか。この前提について次章で考えてみたい。

第五章　私たちのできることは何か

「援助する」ということ

外国からの援助による弊害について多くのことが言われている。第二次大戦後の開発援助では途上国の産業振興を通して国内総生産や国民所得を増やし、貧困を解消することが第一の目的だった。ところが、確かに途上国の国民総生産は伸びるものの、それは必ずしも大多数の住民の生活を改善するものではなく、かえって貧富の差が大きくなっていった。貧しいものはより貧しく、裕福なものはより裕福になった。その状況の認識をもとに、貧困の解消という目的を達成するため新たな援助方式が模索され、実施されている。それでも、援助が当初の目的を達成できないという問題は援助の具体的な方法だけではなく、援助を受ける側の汚職体質、富裕層と政治、軍部の癒着など構造的な要因を多く抱えており、援助の弊害に対する告発は続いている。

しかし、この章で援助問題全般について考察するつもりはない。ここでは、私のバングラデシュ砒素汚染問題への関係に限定してこの本の最後の議論を進めたい。

本書の初めにも述べたように、私は砒素に対して特別の思い入れがあって出発したわけではない。私を「遠い国の砒素汚染」にひきつけたのは、知らない人、知らない場所に対する漠然とした興味と手助けを必要としている人たちのために何かの役に立つことができるかもしれないという希望だった。

一回目のシャムタ村での調査を終えたとき、問題の性質もある程度理解できたのでそこでの経験を振り返り、この問題に関して自分のできることは何かということを考えていた。しかし、この問いは既に「私が何かする」ということを前提にしている。「私」はバングラデシュで起こっている地下水砒素汚染によって何の影響も受けていないのだ。「私」は遠い国で生活していて、バングラデシュの地下水が砒素に汚染されても、何も困ることはないし、その問題が解決しても何も得るものもないはずなのだ。そのような立場の「私」がこの問題について何かする、「援助する」ということはどういう意味か。そのことに答えた上で、「自分のできることは何か」を考えるべきだった。遅ればせながら、ここでそのことについて考えてみようと思う。そのことを考える時、できるだけ独りよがりにならないために、バングラデシュの村の人たちから見て、我々はどのように映っていたのか、また我々がすることに対してどう感じていたのか、ということをできるだけ想像しながら考察を進めていきたい。そして、外部からの援助が何か現地社会の役に立つものとなる可能性と、より開かれた援助が行われる場について考えてみることで、本書のはなしを終えようと思う。

我々は誰か

今から三〇年ほど前、「宇宙戦艦ヤマト」という人気のテレビアニメがあった。そのあらすじは、西暦二一九九年、地球は謎の星ガミラスから核攻撃を受けて放射能に汚染され、人類滅亡まであと三六四日という事態に至った。そこへイスカンダル星から、放射能除去装置を取りに来るようにとのメッセージが届けられた。そこで、戦艦大和を改造した「宇宙戦艦ヤマト」が建造され、ヤマトは地球の人類を絶滅から救うべく一四万八、〇〇〇光年先のイスカンダルへと旅立つ。ガミラス軍との戦闘や度重なる窮地を乗り越えて航海を続けた後、ようやくヤマトはイスカンダル星へ到着した。放射能除去装置の部品と設計図を入手したヤマトは、無事地球に帰還、地球を汚染していた放射能は除去され人類は救われた。その航海の間、ヤマトの乗組員は地球の人類の期待と希望を一身に集め困難に立ち向かった。

バングラデシュに行った時、私の気分はヤマトの乗組員だった。バングラデシュの困難な問題に立ち向かうチームの一員だった。それに対してバングラデシュの村の人たちにとって我々はヤマトに乗って登場したわけではなかった。村の人々は砒素汚染を解決するため我々の登場を待ち望んでいたわけではなかった。シャムタ村の人たちにとって、マルア村の人たちにとって、我々は闖入者《ちんにゅうしゃ》以外の何者でもなかったであろう。ようやく手に入れた管井戸の便利で清潔な水に何か毒のようなものが入っているということも寝耳に水だったであろうが、そのことに関係して「日本人」が村にやって来るということは村人の想像をはるかに絶した出来事だったに違いない。彼らが無知で日本について何も知らないと言っているわけではない。日本でのバングラデシュの知名度に比べれば、日本のことはバングラデシュではははるかによく知られている。ただ、それは「原爆に見舞われた」遠い国として。彼らの語る「日本人」にほとんど生活感はない。砒素汚染の危険性、重要性は理解できても、そのことでなぜ「生身の」日本人が遥々彼らの村まで来るのかは理解し難かったに違いない。

結果、我々は人の言葉を喋る馬のような扱いを受けた。非常に多くの人がこの闖入者を一目でも見ようと集まってきた。めったに見られない珍しいアトラクションだった。

「我々が誰か」ということについて、地理的な隔たりとともにもうひとつ重要な要素は経済的な違いである。そのとき私も含めて何人かの日本人がシャムタを訪れたが、その一人一人、学生までもが、ほとんどの村人の年収をはるかに超えるお金を使って村までやってきたのだ。そして、日本人たちにとってその出費に見合う利益はなさそうだ。この行動もバングラデシュの村人には理解しがたいことだ。ただ、圧倒的な経済力の差は十分に感知できる。

欧米人に対してベンガル人がどのように振る舞うかについて、前にも紹介したアメリカの人類学者マローニィは次のように述べている。ベンガル人は「自分は貧しい」ということをよく言う。それがたとえ中間層の農民でバングラデシュの基準ではとても「貧しい」とはいえないような人でも「自分は貧しい」と言う。結果、バングラデシュで活動している外国人が鬱陶しくなるくらいそれが頻繁に起こる。このような言動でベンガル人が達成しようとしていることは自分と外国人の間に「貧しいもの」と「富めるもの」という相対的な関係を作り出すことである。一旦、そのような相対的な関係が出来上がれば、ベンガルの伝統的社会規範によれば、富裕なものがその富の一部を何かしらの形で再分配することを貧しいものは当然のこととして期待する、ということになる。

我々もご多聞に漏れず、「ゴリップ」（貧しい）というベンガル語の単語を何度も聞くことになる。彼らの年収以上のお金を何週間か村で過ごすために使うことのできるこの闖入者たちは、その豊かさの分け前を村人にもたらすという倫理的義務を持った。我々は村にとって異質な厄介者であったに違いないが、同時にある種の「社会的資源」としても認識されていたのではないか。

砒素問題はどう認識されているか

ともあれ、村の人たちは概ね協力的で、大きな軋轢もなく調査活動を行ってきた。アジア砒素ネットワークであれ、大学関係者であれ、これらの村に来ている日本人の大目標は砒素汚染による健康被害の問題の解決である。すべての人が砒素を含まない安全な水を飲むようになることが最終的な目的である。

この問題に対する外部の者の役割とは何か。第一に現地にはない情報や技術を提供することがあげられるだろう。アジア砒素ネットワーク結成の目的は二〇年にも及ぶ土呂久鉱山の砒素鉱毒事件の裁判を通して培われた砒素に関する知識、経験を砒素中毒に苦しむアジア各地の人々と共有し、その解決に役立てるということだった。実際、シャムタ村で砒素中毒が目立ち始めた頃、中毒症状が出ていてもそれが何の原因で起こっているかわからず、伝染性の病気であるとか様々な噂が立ち、患者が集中した地区は周辺と一時は疎遠になるという事態も起こったらしい。原因が分からないので、その対策の立てようもなかった状況で、砒素による健康被害にあった経験を持つ外部者からの情報提供は役立ったと言える。

一方、現地の村の住民にとって、その当事者であっても、砒素は日本人が村に行くまでは「問題」ではなかった。もちろん、砒素中毒に苦しむ人々は現実に存在して、シャムタ村で社会問題化していたが、その問題は砒素を中心に切り取られた枠組みではなかった。砒素問題は日本人が作った枠組みであり、砒素に関する情報を提供することによって、その問題解決の方向性まで提供していることになる。砒素は非常に危険な物質で、それが飲料水に含まれていることはあってはならないことである。そして、そのような状態は一刻も早く解決すべきである、と。

この砒素問題の解決の重要性は住民と共有されているのだろうか。もちろん安全で健康な生活を送りたいと望まない人はいない。しかし、砒素問題さえ解決すれば、その安全で健康な生活が得られるわけではないのである。砒素問題以外にも生活上の問題は多くある。これに対して、砒素問題に関連してバングラデシュに行っている日本人がもっとも関心を持っている問題は当然砒素問題である。ここに村人と我々との温度差がある。

現在、砒素汚染対策活動で懸案とされているのが、住民による自立的な対策活動の欠如である。バングラデシュの広範な砒素汚染と被害の現状を考えると、アジア砒素ネットワークあるいは他の国際機関の直接的関与のみでは、砒素対策をすべての場所で行うことは不可能だ。また、砒素汚染は一過性のものではなく、継続的な対策が必要とされることから見ても、外部からの援助のみでは、この問題の全体的解決は考えにくい。根本的な解決には当事者の自助努力によるしか道はないにもかかわらず、日本人に限らず、行政、NGOなど外部者が継続的な働きかけをしても、住民側の動きは鈍い。

砒素の危険性が十分認識されなければ、それに対する対策活動も起こらないのは当然であるので、シャシャ郡の対策事業では啓発をひとつの柱として活動を行った。プロジェクトの終了の前に行った調査では、九五パーセント以上の住民が井戸水の砒素汚染について認識があり、その水を飲み続けると砒素中毒になることを知っていた。それでも、アジア砒素ネットワークが直接関与しない状態での対策活動は希薄だった。

この自立性欠如の要因のひとつは、住民の意識のなかでの砒素問題の相対的位置付けが低いことにあるのではないか。砒素は深刻な問題で、砒素の含まれる水を飲み続ければ確実に健康に障害が起こることは間違いないが、一日や二日水を飲んだからといって目に見える悪影響はない。それどころか、何年も飲み続けても自覚できる症状が何も起こらない人も数多くいる。だから、どうしても切迫感に欠ける。それよりも、食べ物の調達、仕事など日々解決しなければならない問題は山積みだ。それらの問題に比べれば、砒素の問題はすぐに取り掛からなければならないわけでなく、その優先順位は低いのかもしれない。

優先順位が低ければ、いくら砒素についての知識が蓄積されても、なかなか対策を行うための行動は起こりにくい。住民としては、砒素問題はできれば解決したい問題ではあるが、自分ですぐに対処するほど重要でもない。したがって、次のように考えたとしてもある程度の合理性がある。砒素問題は現状では自分たちにとって緊急性はない。しかし、誰かが解決してくれるのなら、もちろんそれに越したことはない。そして、自分たちに砒素問題について情報を提供して対策活動も行っている日本人がいる。日本人は経済力があり、自分たちは貧しい。このことについて何かしてくれる倫理的義務があるはずだ。だから、砒素問題は日本人に任せておいて、自分たちは当面の問題に対処した方が理にかなっている、と。

農村住民の自立性の欠如は怠惰や教育の低さから来る問題把握能力の限界が原因と暗黙のうちに見られる場合もあるが、そうではないだろう。そうではなく、この自立性の欠如は、砒素問題の相対的重要度の低さと日本人という外部の「資源」の存在を考慮に入れた合理的な適応戦略の結果と見ることができる。それはどういうことかというと、農村住民は自分たちの持つ、限られた資源を最大限有効に使い、生活上の諸問題を解決しなければいけない。その中で「砒素問題」は外部者によって定義された問題で、比較的最近になって彼らの生活課題の中に入ってきた。その解決の枠組みも外部者によって提示されている。第二章の「シャムタのはなし」でも見たように、多くの農村世帯の生活はぎりぎりのバランスで成り立っている。その状態で、新しい課題を解決するための生活資源を工面することはそれほど簡単なことではない。それよりも、その新しい問題とともに、彼らの生活に飛び込んできた裕福な闖入者を「資源」として活用するほうがはるかに適応的であるといえる。

私の価値基準

我々は村の人に要請されてそこへ行ったわけではない。我々が行くまでは「砒素」が問題にされていたわけでもない。そして、我々が砒素問題を村の人に伝えた後も、村の人にとっては他にも重要な課題が多くあり、砒素問題は必ずしも最重要課題ではない。

そうであるとすると、私がバングラデシュへ行って砒素問題について村で調査をし、その対策を計画するということはお節介である。この地下水砒素汚染によって、私は利益も損害も受けるわけではないのだ。それでは、このような「他人事に不必要に立ち入ること」はやめるべきなのだろうか。「援助する」ということはお節介には違いない。対象は自分の利害に関連することではない。他人事である。だからといって、何か困っている人に気づいた時に何もしてはいけないかというと、そんなことはないはずだ。程度の差はあるにしても、何らかの助け合い的行動はひとつの社会を成り立たせるための条件だ。ある社会のなかでは積極的に助け合うべきだというのが通常見られる倫理観であろう。飲料水が砒素によって汚染されたことで健康被害に苦しんでいる人がいるということを知り、その問題の解決に向けて自分でできることをするということはそのような助け合いだ。

ではなぜ、二〇〇四年に発生した中越地震の救援活動に参加することはほぼ問題視されることはないのに、開発援助に関連してはその弊害が強調される場合が多いのだろうか。この理由には二つの要素がある。ひとつは開発援助のある部分は「援助」とはいうものの政治経済的意図が色濃く織り込まれ、新植民地主義的活動と解釈できる面があるということがいえるだろう。このことは開発援助を考える上でどうしても避けては通れない重要な事項ではあるが、この問題についてはここではこれ以上論じない。

もうひとつの要素は援助対象の「他者性」である。ひとつの社会のなかでの助け合いはあるべき姿として捉えられる。マルア村での相互扶助、中越地震救援もそのような一つの社会内部における助け合いと考えられる。しかし、これが、別の社会のこととなると、他人のことに不必要に干渉する、余計な世話を焼くと見られることがある。これは、自分と他人の社会を区別することから起こるが、どこまでが自分の社会でどこからが他人の社会かその境界自体はっきりしないものだ。例えば、自分の「地元」はどこまでか、はっきり定義しにくいだろう。日本とバングラデシュを比べると単純に同じ社会に属しているとは言えないが、そこで起こっていることが伝わってくるということは、何らかの社会的つながりがあるという考え方もできる。だから、「他人のことに首を突っ込む」ことは問題ないだろう。ただ、この後でも述べるように、自分が首を突っ込もうと決めて援助をしているということは明確に認識する必要がある。

では、自分が援助することが必要と感じたらどんな援助でも行う価値があるのだろうか。「いい」援助と「悪い」援助を測る物差しはあるのだろうか。様々な人間の集団はそれぞれ固有の文化を持ち、価値基準もそれぞれであるといわれる。したがって、あらゆる文化に適用できる共通の価値尺度は存在しないため、自分の価値観で他の文化を良い、悪いと評価するのは慎もうというのが文化相対主義だ。しかし、フランスの思想家モンテーニュが言うように「自分が住む国での考えや慣わしを実例とし理念とするのでなければ、われわれの理性が頼るべき基準などどこにもない」わけで、誰しも自分の文化の「レンズ」を通してしか物事を見ることはできない。つまり、もし自分の持つ価値観での判断を停止すれば、何も判断しないことになる。

しかし、開発援助には価値判断がどうしても必要である。開発行為は現状評価から始まる。現状の評価によって認定された問題を解決するために開発が行われる。しかし、何かを評価するためには基準を必要とする。つまり、何が良いかという価値基準がなくては、現状の何が問題であるかも判断できない。どの基準を使うかによって、現状からどのような変化が必要かということが決まるわけだが、開発行為では通常この基準は欧米のものである。「栄養状態」、「識字率」、「国民所得」など欧米の基準を達成目標として、途上国の社会、生活が評価され、その問題を是正するために開発が計画される。これが欧米中心主義的であるという批判を受ける原因にもなっている。

その欧米中心主義は改めるとしても、「人権」や「民主主義」でさえもその普遍的価値が疑問であるのに、では何を基準にできるのだろうか。すべての文化に共通する価値基準はないとしても、極端な文化相対主義が言うように文化が違えば相互に理解することは不可能ということは経験的に正しくない。自分とは違う文化を持った人との付き合いで、文化の違いが大きくなれば暗黙の了解事項の共通性は小さくなり、お互いのことを理解するのに時間がかかることは認める。しかし、全く理解不可能と感じることはまずない。しばらく付き合っていれば、はじめは理解できなくても、相手の言うことがあるとき突然ピントのあったイメージとなって現れてくることの心地よさを味わうことがある。

文化的な違いは絶対的に越えられない壁のような質的な違いではなく、違いが大きければ傾斜がきつくなる坂道のように時間をかければ登りきることもできる量的な違いだ。つまり、援助する側は自分の価値基準でしか判断できないが、合意できるかどうかは別として、自分がどう判断したかは他者に伝えることができるはずだ。第三章でこれまでの開発援助は「援助する側が援助したいものを援助してきた」という批判があることを紹介した。しかし、敢えて言えば、「援助する側は援助したいものしか援助できない」ということになる。問題は我々の価値基準で判断したことがどれだけ現地の人の生活に貢献できるかということだ。

そのようなひとつの基準として、ある援助活動が人々の生活上の「選択」を増加させるものかどうかということが挙げられる。ある人が生活していくうえで状況に応じてある決定をする際に選択肢が増えることは文化が違っても重要なことではないか。教育はそれを受けた人の活動の可能性を広げるという意味で、その人の人生の選択を増やす。いくら教育を受けても、一〇〇年前と変わらない村の生活を営むことを選択する人もいるかもしれない。選択の結果として、ある人がどのような行動をとるかはその人次第である。その行動の選択の幅を広げることを外部から援助することはできる。そのような選択肢を増やす援助はやはりお節介ではあるが、独りよがりではない援助となると私は信じる。

開かれた場に向けて

開発援助は異なる文化が遭遇する場である。そこでは習慣や価値観が違う集団が出会うことに伴う様々な問題が生じる。その場がより開かれたものになり、そこに参加する集団にとってより実り多い活動を可能にするには、それらの問題を解決しなければならない。問題の起こる原因には二つある。ひとつは集団間の文化的違い、つまり習慣や価値観の違いによること。もうひとつはその場に関与する「援助する側」と「援助される側」の対等でない関係である。そしてこの二つはお互いに関連している。

異なる文化が遭遇したとき、その違いゆえに、そこで活動するにはお互いが「不自由」な状態になる。お互いに、一方が「ふつう」だと思っていることが、相手にとって「ふつう」ではないため、物事がスムーズに運ばない。ちょうど、仲間の序列をはっきりさせることは、なんとなく身も蓋もないと感じるのが「ふつう」の日本人と、曖昧過ぎていらいらしてしまうのが「ふつう」のベンガル人が、同じ組織で働くときのように。このような不自由さを解消する一番単純な方法は価値観の違う相手とは接点を持たないということであるが、この極端な立場は論外として、この不自由さを解消するには、いくつかの方法がありそうだ。

まず、どちらかがもう一方に合わせて、違いを解消するという方法だ。よく起こるのは、より優勢な集団の価値が押し付けられるということだ。援助の場では、援助する側は資金提供者であるので、その力を背景に意見を通すことは可能だ。

しかし、違う価値基準を持つ人々の活動を、ひとつの価値基準に押し込めるのはあまり長続きしそうにない。違いゆえの不自由さを解消するために、一方をもう一方に表面的に合わせることでは違いは解消せず、その特徴を押し込められた側が以前にも増して不自由な状態になってしまう。

もうひとつは、それぞれの特徴を無理やり変えるのではなく、共同の活動に対する認識を変えることで対処する方法もあるかもしれない。どちらにしても、文化的呪縛は思っているより強く、長年「ふつう」と思ってやってきたことは簡単に変えられるものではない。異なる習慣や価値観をそれぞれ温存したまま、何とか一緒にやっていくことはできないだろうか。そのための第一歩として、お互いに違いがあることを明示的に認める必要がある。このとき重要なのは、自分の習慣、価値観を「ふつう」だと考えないことだ。自分を相対化することだ。自分は基準ではなく、自分がある考えを持つように、他人も別の考えを持つことを認める必要がある。その意味では文化相対主義の主張は今でも有効だろう。我々は違うことを尊重するべきだ。

近年、効果的な開発のために経済面のみに注目することの限界は認識されており、援助する側による援助を受ける側の社会的、文化的特徴の理解の必要性が論議されている。これは違いを認める第一歩だろう。しかし、この論議で欠落しているのは、援助する側も独特の文化があり、援助活動にその習慣や価値観が色濃く反映されているということと、援助を受ける側もこれを理解する必要があるという開発援助の場の双方向性である。この認識の欠如は開発援助の場が対等の参加者によって演じられていないことにも原因がある。この対等でない関係を是正することによって、開発援助の場はより開かれたものになる。

開発援助はないに越したことはなく、援助を受ける側がそのような援助を必要としなくなることが最終的な目的だ、と言われることがある。確かに、開発援助を必要とする状態が解消されることは至上の目的であろう。この目標は地球上の経済資源が有限であるので全体としては達成されるのは大変難しいものの、国家間援助の建前としては妥当であるし、実際、被援助国を「卒業」する国も個別には存在する。しかし、実際に援助行為に参加する「ひと」のレベルで、この開発援助「必要悪論」は当てはまるだろうか。

この「必要悪論」は援助する側と援助される側の対等でない関係を前提として、次のような想定に基づいている。ある援助活動のきっかけは言うまでもなく援助される側が持つ問題によるものだ。その原因は様々でも、ともかく援助される側にはその問題を自力で解決する能力はない。それで、援助する側は仕方なく、援助される側に欠けている能力を補うために援助活動を行っている。しかし、それは望ましい状態ではなく、援助される側が自分でその問題を処理できるようになり次第、援助する側は撤退する。その期間が短ければ短いほどよい。そして、ある事業がこの目的どおり終了すれば、現地住民の自立能力を養成したといえる。

端的にいえば、開発援助必要悪論は「援助は施しだ」といっているように聞こえる。ここでは援助を与える方が優位に立ち、上下関係がはっきりしている。このような上下関係があると、意見が違う場合どうしても優位な側の意見が押し付けられることになる。開発援助の場では暗黙のうちに「近代化」が目標とされていることが多く、西洋の近代的価値が優先される。それで、土着の制度を援用する方が援助も効果的になると援助を受ける側が感じても、外部の「合理的な」制度を使おうとする傾向にある。第四章で紹介したように、代替水源の負担金の集め方について、私が日本的平等の概念を押し付けようとした例のようになる。あの時、アジア砒素ネットワークのベンガル人スタッフは何でも平等ではうまくいかず、お金のある人が出すという村共同体的やり方のほうが優れていることは初めから気づいていたのだと思う。しかし、私との非対称的な関係のため遠慮して発言しなかったのであろう。そういう対等でない関係が解消され、開かれた場を作り出すことがより効果的な援助には必要である。

援助する側の我々が幾つかのことを自覚的に認めることで、この非対称的な関係をいくらかでも改善することができるのではないか。ここには「きっかけ」と「動機」の問題がある。このことをもう一度バングラデシュの砒素汚染問題のなかで考えてみたい。ここで想定する当事者は援助する側が私を含めたアジア砒素ネットワーク、大学関係者、援助される側は砒素に汚染された村に住む住民である。

まず、「きっかけ」について、確かに砒素汚染問題に対する援助のきっかけは、バングラデシュの地下水が砒素により汚染されたことだ。しかし、前にも述べたようにこの問題は村の人々によって定義されたものではなく、日本人も含めて外部の人間によって問題と規定された。少なくとも我々が村に行くまでは村に砒素問題は存在しなかった。念のために言っておくと、これは我々が本当は問題でもないことを問題として捏造したということでは全くない。苦しんでいる人々はいたが、それを問題として認識する枠組みが存在せず、客観的には砒素問題はあっても、住民の認識としてはなかったということである。外部からでも砒素問題を規定したことは、住民の生活における選択を増やし、「幸せ」な生活に貢献することで、単なる価値観の押し売りではない。ただ、ここで言いたいのは、砒素汚染の対策活動の契機は我々が作ったことを認めるということだ。

次に我々の「動機」の問題だ。我々はやらないほうがいいが、困っている人がいるので、仕方なく援助活動をしているのだろうか。そのような強い使命感で活動を行っている人がいる可能性は否定しないが、少なくとも私は違う。私はいやいや活動しているわけではなく、人の役に立てることが嬉しく、それが続いているのは調査や実践活動を行うことが楽しいからだ。つまり、我々は自分がやりたいと感じているから援助を行っていることも認めるべきだ。

もうひとつ、個人のレベルでの援助の大きな動機は、援助する側の自己実現であり、好奇心の満足にあることも認めたい。つまり、援助する側は個人的な犠牲を払って活動を行っているわけではないということだ。結果として、活動が対象となる人々の選択の幅を広げ、幸せな生活に貢献できれば、そのことはより大きな満足につながることは言うまでもない。しかし、ここでは援助する側も援助される側と同等に、あるいはそれ以上に援助活動から「利益」を得ていることを認めよう。

このようなことを認めていけば、「援助される側」が一方的に何か利益を受けている、「援助する側」は一段高いところから慈悲の精神で活動を行っている、という非対称的な関係を一部でも是正することができる。それによって「必要悪」ではない、より対等な立場での互恵的援助活動が可能になるはずだ。援助する側はほかでは得られない知識、経験、満足を得ることができる。援助を受ける側は少しでも安全に健康に生活をおくることができるかもしれない選択肢を得る。お互いに見たことのない遠くの国の人に会う機会ができる。援助の場がそんな大きな「相互扶助」のサイクルが回る開かれた場であってほしい。

では最後に「援助する」ということは私にとって結局どういうことだったのか。

それは、自分のそれまで行ったことのない場所に身をおいて話したことのない人と出会い新しいことを知る、少々不安感はあるが常にわくわくする経験だ。自分の考え方ややり方とは違うものを経験することで、これまで慣れ親しんだ思考や行動の意味をもう一度考えるきっかけも得ることができる。自分の活動による成果が大きければ大きいほど、効果が長持ちすればするほど満足も大きい。そんな自分を「使う」場があるのは、村の人たちの了解があってこそである。その場を使い「援助する」ということは、その場での活動が現地の人の幸せに貢献できるよう、私が精一杯の想像力を働かせ最大限の努力をする厳しい倫理的義務を負っているということだ。

地下水汚染問題のその後の状況

本文でも触れたように砒素汚染が確認される地域は拡大している。特にモンスーン・アジア全域の大きな河川周辺では調査が進めばほぼ必ず砒素汚染が確認される状況にある。その中でも人的被害の深刻性が懸念されるのはガンジス川流域である。

バングラデシュ国内は現状調査も終わり、これから順次体系的な砒素汚染対策が実施に移されていく。これらの対策には汚染度の非常に高い地域で行われる緊急対策と中長期的な視野で行われる対策がある。アジア砒素ネットワークの活動も現状調査、緊急対策から持続的な対策活動に移りつつある。これに対してガンジス川流域の他の国、インド、ネパールではまだ体系的な砒素汚染対策は行われていない。インドは国土が広く分権的な傾向もあることから統一された調査活動は行われていない。また、外部からの介入を歓迎しない傾向が政府にあるため国際機関による調査も行われていない。ネパールでは全域的な井戸汚染調査は行われ、大まかな汚染の傾向は把握されている。しかし、住民の啓発、安全な水を供給する対策はまだほとんど行われておらず、砒素中毒による患者数も把握されていない。そのため迅速な対策活動が必要とされているが、国王による非常事態宣言、マオイスト・ゲリラとの戦闘など社会政治的不安定要因が多く、外部からの援助活動が入りにくい状態に立ち至っている。

おわりに

本書は、私が大学の研究者として、NGOのメンバーとして、約七年間断続的にバングラデシュの農村を訪ね、行ってきた調査・実践活動をまとめたものである。バングラデシュでの活動はこれからも継続していくつもりであるが、この辺りで一度これまでのことをまとめたいと思っていたところへ、九州大学アジア総合研究センターよりKUARO叢書として出版してもよいというお話を頂き、執筆することになった。

本書の元になったバングラデシュでの調査や実践については、大変多くの方々にお世話になっている。特に、バングラデシュへ行く機会を作っていただいたアジア砒素ネットワーク関係者の方々には、村への紹介から、調査の準備、実施など多大なご協力をいただいた。アジア砒素ネットワークのおかげで、調査の苦労が何分の一にもなっている。なかでも長期間に亘ってアジア砒素ネットワーク・ダッカ事務所長を務められた対馬幸枝さんには特にお世話になった。そのご厚意に対し十分な感謝の言葉が見つからない。

また、本書に書いたことは私ひとりが調査したことではもちろんない。数多くの日本・バングラデシュ双方の共同研究者の方々にも大変お世話になった。特に、アジア砒素ネットワーク代表の上野登宮崎大学名誉教授、北陸学院短期大学の小林正史教授、バングラデシュからはラッジャヒ大学のビルキス・ベグム準教授とはほとんどの調査を一緒に行った。現イギリス国際開発局バングラデシュ事務所のシャヘッド・ラティフ氏は自国の砒素問題解決に使命感を持ち継続的に調査に協力していただいた。また、初めての調査からこれまで多くの学生諸君が参加してくれた。一般向けの新書という形式から、引用をつけなかったが、本書の中で書いたことは私というより、私の研究室の学生諸君が分析を行ったことも少なくない。したがって、本書の内容は私のというよりは、研究室全体の研究成果を反映しているものと考えていただきたい。

本書の執筆に当たっては、九州大学大学院芸術工学研究院・古賀徹助教授、同・近藤加代子助教授、アジア砒素ネットワーク・川原一之事務局長、国際協力機構・緒方隆二専門家、谷和子氏には原稿を読んでいただき大変参考になるご意見をいただいた。また、現在の研究室所属の筒井康美、有馬未希、寺地秀海、浄見繭子、戸高弘統、松山洋久の諸君には、原稿の校正、図の作成、写真の選択などで大変お世話になった。改めて感謝したい。

最後に、日本からの闖入者を受け入れてくれたシャムタ村の皆さん、マルア村の皆さん、その他のバングラデシュの村の方々に感謝したい。そして、調査をずっと手伝ってくれたマルアの「ヤング」、フォリッド、アノアール、モンスール、ラナ、アジズ、本当にありがとう。

一日も早く砒素のない水をみんなが飲めるようになることを心から願ってやまない。

二〇〇五年三月八日

〈著者紹介〉

谷 正和（たに　まさかず）

九州大学大学院助教授（芸術工学研究院），Ph. D.（人類学）。

1991 年アリゾナ大学大学院人類学研究科博士課程修了。

アリゾナ大学応用人類学研究所研究員，宮崎国際大学比較文化学部助教授，九州芸術工科大学芸術工学部助教授を経て，2004 年より現職。

専攻：環境人類学，文化人類学，物質文化研究，考古学。

研究内容：南アジアの地下水砒素汚染における農村住民の適応戦略の研究。文化的，社会的特性に配慮した開発援助方法の研究。都市ごみの人類学的研究など。

著書：『民族考古学序説』（共著，1998 年，同成社），『Anthropology of Consumer Behavior』（共著，1995 年，Sage University Press），『Kalinga Ethnoarchaeology』（共著，1994 年，Smithsonian Institution Press），『Extending the Methodological Potential for Archaeological Interpretations』（学位論文）（単著，1991 年，University Microfilms）。

〈KUARO 叢書 5〉

村《むら》の暮《く》らしと砒素汚染《ひそおせん》

――バングラデシュの農村から――

2005 年 8 月 25 日　初版発行

著　者　谷　　正　和

発行者　谷　　隆一郎

発行所　(財)九州大学出版会

〒812-0053 福岡市東区箱崎 7－1－146

九州大学構内

電話　092-641-0515(直通)

振替　01710-6-3677

印刷／九州電算㈱・大同印刷㈱　製本／篠原製本㈱

ISBN 4-87378-877-3

「KUARO叢書」刊行にあたって

九州大学は、地理的にも歴史的にもアジアとの関わりが深く、これまで、アジアの人々や研究者と様々なレベルでの連携が行われてきました。また、「アジア総合研究」を国際化の柱と位置付け、全学術分野でのアジア研究の活性化を目指してきました。

それらのアジアに関する興味深い研究成果を、幅広い読者にわかりやすく紹介するため、ここに「KUARO叢書」を刊行いたします。

二〇世紀までの経済・科学技術の発達がもたらした負の遺産（環境悪化、資源枯渇、経済格差など）はアジアに先鋭的に現れております。それらの複雑な問題に対して九州大学の教官は、それぞれの専門分野で責務を果たしつつ、国境や分野を超えた研究者と連携を図りながら、総合的に問題解決に挑んでいくことが期待されています。

そこで本学では、二〇〇〇年十月、九州大学アジア総合研究機構（KUARO）を設立し、アジア学長会議を開催、アジア研究に関するデータベースを整備するなど、アジアの研究者のネットワーク構築に取り組んでいます。二一世紀、九州大学が率先してアジアにおける知的リーダーシップを発揮し、アジア地域の持続的発展に貢献せんことを期待してやみません。

二〇〇二年三月

九州大学総長　梶山千里

KUARO叢書

（表示価格は本体価格）

1 アジアの英知と自然
――薬草に魅せられて――

正山征洋 著

新書判・一三六頁・一、二〇〇円

今や全世界へ影響を及ぼしているアジアの文化遺産の中から薬用植物をとりあげ、歴史的背景、植物学的認識、著者の研究結果等を交えて、医薬学的問題点などを分かり易く解説する。

2 中国大陸の火山・地熱・温泉
――フィールド調査から見た自然の一断面――

江原幸雄 編著

新書判・二〇四頁・一、〇〇〇円

大平原を埋め尽くす広大な溶岩原。標高四、三〇〇ｍの高地に湧き出る温泉。二〇〇万年以上にわたって成長を続ける巨大な玄武岩質火山。一〇年間にわたる日中両国研究者による共同研究の成果を、フィールド調査の苦労を交えながら生き生きと紹介する。

3 アジアの農業近代化を考える
――東南アジアと南アジアの事例から――

辻　雅男 著

新書判・一四〇頁・一、〇〇〇円

自然依存型農業から資本依存型農業へ。アジアの農業・農村の近代化の実態を生産から流通の現場に立ち入り解明するとともに、農業近代化がアジアの稲作農村共同体に及ぼす影響を考察する。

4

岩佐昌暲 編著

中国現代文学と九州

――異国・青春・戦争――

新書判・二五二頁・一、三〇〇円

九州に学び、文学の道を歩んだ中国人留学生、大陸や植民地で執筆活動をした九州出身作家、激動の時代を背景に、彼らの生の軌跡を追う。